Million Weldetensae Tekleab
Brij Bushan Kanwar

Estado e distribuição de macro nutrientes (NPK) no solo de Hamelmalo Ar

Million Weldetensae Tekleab
Brij Bushan Kanwar

Estado e distribuição de macro nutrientes (NPK) no solo de Hamelmalo Ar

ScienciaScripts

Imprint

Cover image: www.ingimage.com

This book is a translation from the original published under ISBN 978-620-2-30279-1.

Publisher:
Sciencia Scripts
is a trademark of
Dodo Books Indian Ocean Ltd. and OmniScriptum S.R.L publishing group

120 High Road, East Finchley, London, N2 9ED, United Kingdom
Str. Armeneasca 28/1, office 1, Chisinau MD-2012, Republic of Moldova, Europe
Managing Directors: Ieva Konstantinova, Victoria Ursu
info@omniscriptum.com

Printed at: see last page
ISBN: 978-620-8-55120-9

Resumo

O estudo foi realizado com o título "Estudo sobre o estado e a distribuição de macronutrientes (NPK) nos solos da área de Hamelmalo". O estudo foi efectuado em Zoba Anseba Sub Zoba Hamelmalo, que se situa na estrada Keren - Nakfa, a 12 km a norte da cidade de Keren. O estudo foi efectuado em dois locais adjacentes, ou seja, o campus do Hamelmalo Agricultural College (HAC) e a zona da bacia hidrográfica de Basheri (BWA). Os objectivos do estudo consistiam em determinar o estado dos macronutrientes (NPK) dos solos sob diferentes utilizações na zona de Hamelmalo, bem como a distribuição vertical dos macronutrientes (NPK) em alguns perfis selecionados e a sua relação com as propriedades físico-químicas dos solos. Foram colhidas aleatoriamente amostras de solo com base no Sistema de Posicionamento Global (GPS) em diferentes sistemas de utilização dos solos, ou seja, em áreas cultivadas (cereais e hortícolas) e em áreas florestais abertas não cultivadas. Em média, foram recolhidas 30 amostras de cada bloco e foi preparada uma amostra composta para cada bloco. As amostras de solo à superfície foram recolhidas a uma profundidade de 0-20 cm, num esquema de amostragem radial, utilizando um trado. Além disso, dois perfis de solo em cada bloco foram expostos a e/ou até ao contacto lítico ou paralítico. As amostras analisadas foram classificadas com base em métodos padrão. A pesquisa teve a duração de um ano e durante este período foram analisadas as propriedades físicas do solo (BD, PD, TP e Textura) e as propriedades químicas do solo (pH, CE, OM, TN, P, K, Ca, Mg e Na). O valor do pH e da condutividade eléctrica varia de neutro a fortemente alcalino e não-salino, respetivamente. As texturas da maioria das amostras de superfície eram franco-arenosas. Enquanto que a textura do solo nos perfis da área de estudo variava entre franco-argiloso e franco-arenoso. Em geral, as classificações do teor de OM e TN de todas as amostras de solo variaram de extremamente baixo a baixo. O P disponível foi classificado como extremamente baixo. As amostras de solo provenientes de terras cultivadas com cereais apresentaram valores de CEC muito baixos a baixos. Já nos solos hortícolas e florestais, quase todas as amostras apresentaram valores de CEC elevados. Em geral, a disponibilidade de Ca permutável^{++} , Mg^{++} , K^{+} e Na^{+} nos solos superficiais de todas as utilizações do solo variou de elevada a muito elevada, moderada a elevada, muito baixa a baixa e muito baixa a moderada, respetivamente. Enquanto que a disponibilidade de Ca^{++} e Mg^{++} permutáveis em solos sub-superficiais de todas as utilizações do solo variou de alta a muito alta. Da mesma forma, os teores de K^{+} e Na^{+} permutáveis variam de muito baixo a baixo e de muito baixo a muito alto, respetivamente. Os teores de TN nos solos foram altamente significativos e positivamente correlacionados ($p<0,01$) com OM e TP. O TN também se correlacionou significativamente ($p<0,05$) com o teor de argila. No entanto, verificou-se que o TN estava significativamente mas negativamente correlacionado ($p<0,05$) com BD e PD. O K trocável^{+} apresentou uma correlação positiva altamente significativa ($p<0,01$) com o teor de argila. Nos perfis, o Ca permutável^{++} apresentou uma correlação significativa altamente positiva ($p<0,01$) com a CEC. No entanto, os teores de Ca permutável^{++} no solo apresentaram uma correlação positiva e significativa ($p<0,05$) com o pH, argila e silte e uma correlação negativa significativa ($p<0,05$) com o BD. O Mg teve uma correlação positiva significativa ($p<0,05$) com o teor de CEC e argila e uma correlação negativa significativa ($p<0,05$) com a areia .

Palavras chave: Nitrogénio, Fósforo, Potássio, Matéria Orgânica, textura do solo, densidade aparente, perfil do solo, correlação

ÍNDICE DE CONTEÚDOS

Lista de abreviaturas e acrónimos

AEZ	Agro-Ecological Zone
a.m.s.l	above mean sea level
BWA	Basheri Watershed Area
BD	Bulk Density
Ca^{++}	Calcium
CEC	Cation Exchange Capacity
cmol kg^{-1}	centi mol per kilo gram
DEM	Digital Elevation Model
EC	Electrical Conductivity
FAO	Food and Agriculture Organization of the United Nations
g	Gram
ha	hectare
HAC	Hamelmalo Agricultural College
K^{+}	Potassium
kg	kilo gram
LREN	Land Resources and Environment
LOS	Level of Significance
MOA	Ministry of Agriculture
Mg^{++}	Magnesium
Na^{+}	Sodium
NARI	National Agricultural Research Institute
OM	Organic Matter
OWL	Open Woodland
P	Phosphorus
PD	Particle Density
SSA	Sub Sahara Africa
TN	Total Nitrogen
TP	Total porosity

RECONHECIMENTO

Gostaria de manifestar o meu apreço ao meu orientador, o Professor B.B. Kanwar, pelo seu apoio, críticas construtivas, orientação e conselhos profissionais que me deu ao longo da investigação, que foram inestimáveis e estou extremamente grato pela sua ajuda.

Expresso os meus sinceros agradecimentos ao Dr. R.P. Tripathi, Professor e Diretor do Departamento de LREN e a todos os membros do LREN por me terem encorajado constantemente, dado sugestões valiosas e apoio moral. Sinto que é meu dever expressar os meus sinceros agradecimentos ao Sr. Simon Measho, por me ter dado os conselhos e facilidades necessários no que respeita às ferramentas GIS para indicar os locais, as coordenadas e a cartografia da área de estudo.

Agradeço sinceramente à Escola Agrícola de Hamelmalo por me ter dado esta oportunidade de continuar os meus estudos e por me ter proporcionado as instalações e o apoio necessários durante o programa de pós-graduação e durante o trabalho de investigação.

A minha gratidão ao Dr. Iyassu Ghebretatios, Diretor-Geral do NARI, ao Sr. Andom Kafil, ao Sr. Tesfalem Abraham e ao Sr. Samuel Bereket, técnicos do laboratório de solos do NARI, pela sua amável ajuda e cooperação durante o curso do meu trabalho de investigação da análise química do solo.

Estou igualmente grato ao Sr. Mulugheta Asmelash pelos seus valiosos comentários e sugestões. Agradeço profundamente a assistência prestada pelo Sr. Mohan Babu durante a análise estatística das amostras de solo. Estou igualmente grato ao Prof. Balwan Singh pelos seus comentários e sugestões. O meu apreço vai também para o meu amigo Michael Kahsay pela sua assistência e cooperação durante todo o trabalho de investigação.

O meu apreço estende-se também aos membros do Departamento de Ciências Veterinárias por fornecerem os produtos químicos necessários durante a análise laboratorial do solo. Gostaria de agradecer à administração da subzona de Hamelmalo por fornecer as informações necessárias sobre a aldeia de Basheri.

Por último, mas não menos importante, gostaria de agradecer aos meus pais e colegas pelo seu incentivo e apoio moral ao longo dos meus estudos.

Milhões de Weldetensae Tekleab
Hamelmalo, Eritreia
6 de junho de 2014

CAPÍTULO 1

INTRODUÇÃO

Os solos saudáveis e produtivos são a base da produção alimentar na Terra. "A produtividade do solo é a capacidade de um solo produzir um determinado rendimento de culturas agronómicas, ou outras plantas, com uma gestão óptima", enquanto a fertilidade do solo é a qualidade de um solo para fornecer nutrientes em quantidades adequadas sem causar toxicidade. A produtividade do solo não depende apenas da fertilidade do solo, mas também das práticas de gestão do solo e de todos os outros factores que afectam o crescimento das plantas. Os solos produtivos são sempre férteis, mas os solos férteis podem ser improdutivos devido a factores de crescimento limitantes como a seca e práticas de gestão inadequadas (Foth e Ellis, 1997).

A falta de nutrientes para as plantas é uma das principais causas da baixa produtividade agrícola e da insegurança alimentar em África. A fertilidade baixa e decrescente do solo resulta do cultivo contínuo, onde os níveis de reposição do solo, por qualquer meio, são demasiado baixos para mitigar o processo de extração de nutrientes do solo, em que a fertilidade do solo não é restaurada por novos factores de produção (Shisanya *et al.*, 2009). Stoorvogel e Smaling (1990) relataram que as terras altas intensivamente cultivadas na África Oriental perdem cerca de 36 kg de N ha^{-1} por ano^{-1}, 5 kg de P ha^{-1} por ano^{-1} e 25 kg de K ha^{-1} por ano^{-1} . Assim, o declínio da fertilidade do solo é visto como o constrangimento mais importante para a produção de culturas na ASS, onde a maioria dos agroecossistemas remove mais nutrientes do que os fornecidos por insumos externos, tornando-o uma causa biofísica fundamental para o declínio da segurança alimentar nas pequenas explorações agrícolas (Sanchez, 2002).

O declínio e a estagnação da produtividade das culturas é um problema permanente enfrentado pela maioria dos pequenos agricultores da África subsariana (FAO Stats, 2005). Uma das principais causas da fraca produtividade das culturas é a fraca fertilidade do solo (Sanchez, 2002). A aplicação dos principais nutrientes às culturas é limitada e as recomendações de tecnologias de fertilização raramente são aplicadas pelos agricultores (Tuma *et al.,* 2007). Na Eritreia, por exemplo, as recomendações de fertilizantes não são específicas e, em geral, não são ajustadas à fertilidade do solo, ao tipo de cultura ou à região. Este facto pode levar a que os agricultores tenham uma resposta variável e imprevisível das culturas à adição de fertilizantes, minando assim a confiança dos agricultores na utilização desses factores de produção. A baixa fertilidade dos solos é reconhecida como um dos principais entraves à produção alimentar na África Subsariana, embora haja poucos dados que permitam saber até que ponto esta situação se verifica também na Eritreia. Nas zonas semi-áridas, a redução do risco através da estabilização do rendimento das culturas contra os efeitos das secas e dos períodos de seca será, em muitos casos, um pré-requisito para investimentos noutras medidas de melhoria do rendimento, como a fertilização (Rockstrom *et al., 2000).*

As actividades agrícolas, sendo a principal fonte de rendimento para a maioria da população. No entanto, mesmo em anos de pluviosidade razoável, a produção agrícola no país está ainda muito aquém das necessidades alimentares da população. O rendimento das culturas por unidade de área de terra diminuiu drasticamente e a cobertura vegetal está a diminuir a um ritmo alarmante. A água está a tornar-se cada vez mais escassa. Em muitas partes do país, a erva deixou de crescer devido à perda de sementes de erva e ao esgotamento da camada superior do solo, mesmo quando a chuva cai em quantidade suficiente (Haile *et al.,* 1998).

A compreensão dos recursos do solo é fundamental para uma boa gestão do solo e das terras. A este respeito, o conhecimento da natureza e das propriedades dos solos é vital em regiões onde a produtividade do solo é frequentemente limitada por uma fertilidade deficiente e onde a necessidade de produção alimentar é grande (Lal, 2004). Segundo Bell e Dell (2008), a carência de nutrientes tornou-se o principal fator de limitação da produtividade, estabilidade e sustentabilidade dos solos. O teor de nutrientes do solo e a sua disponibilidade para as plantas são avaliados pelos minerais presentes e pelos processos de meteorização. Os resultados dos testes físicos e químicos são indicadores de qualidade que fornecem informações sobre a capacidade do solo para fornecer nutrientes minerais. A condutividade eléctrica é um método muito rápido, simples e pouco dispendioso para verificar a saúde dos solos. O pH é um bom indicador do equilíbrio dos nutrientes disponíveis no solo. É também um indicador dos nutrientes disponíveis para as plantas (Kinyangi, 2007).

O declínio da fertilidade do solo é considerado uma causa importante da baixa produtividade de muitos solos (Lal, 2004). Não tem recebido a mesma atenção da investigação que a erosão do solo, possivelmente porque o declínio da fertilidade do solo é menos visível e menos espetacular e mais difícil de avaliar. A avaliação do estado de fertilidade do solo é difícil porque a maior parte das propriedades químicas do solo ou se alteram muito lentamente ou têm grandes flutuações sazonais; em ambos os casos, exige um empenhamento na investigação a longo prazo. O cultivo de culturas agrícolas implica que os nutrientes (N, P, K, etc.) sejam retirados do solo através dos produtos agrícolas (alimentos, fibras, madeira) e dos resíduos das culturas. Os cereais são a fonte de alimentação mais importante para a maioria das pessoas na Eritreia, mas os rendimentos de todos os cereais são baixos, geralmente inferiores a 0,5 t/ha e, em 2004, tão baixos como 0,2 t/ha (FAO, 2005), embora também sejam registados rendimentos nas explorações agrícolas tão elevados como 2 t/ha

(Bereket, 2005).

A agricultura é o principal empregador da economia da Eritreia, ocupando 70-80% da força de trabalho total, mas contribui com cerca de 26% do PIB, incluindo a pesca e a pecuária (Amanuel *et al.*, 2002). Estudos anteriores dos solos tropicais revelaram que o azoto e o fósforo são baixos e, por conseguinte, limitam a produção agrícola (Asgelil, 2002). Atualmente, os agricultores e os extensionistas dispõem de pouca informação sobre o estado da fertilidade do solo e a gestão dos nutrientes. Embora Folmer *et al.* (1998) tenham utilizado um modelo matemático baseado em unidades de terra e sistemas de terra para prever potenciais problemas de nutrientes, este não apresentou uma imagem clara do estado dos nutrientes.

A investigação mostrou que o esgotamento dos nutrientes do solo resultante da extração do solo ou da prática de cultivar culturas com reposição insuficiente dos macronutrientes retirados do solo é um problema importante nos países de baixo rendimento (Bishop e Allen, 1989). Foram efectuados poucos estudos de campo nos solos da Eritreia. A maioria destes estudos são exploratórios ou de reconhecimento, pelo que não fornecem dados suficientemente pormenorizados. No entanto, a análise do solo indica que na zona de Hamassien (Zoba Maakel, nome atual) 88% dos solos são pobres em matéria orgânica. O fósforo é muito baixo e o potássio é baixo a muito baixo. Em Merhano, 24 das 30 amostras de solo analisadas tinham um baixo teor de fósforo (Mohogho, 1997; citado em MOA, 2002).

A caraterização do solo em relação à avaliação do estado de fertilidade dos solos de uma área ou região é um aspeto importante no contexto da produção agrícola sustentável. Os NPK são elementos importantes do solo que controlam a sua fertilidade e o rendimento das culturas. A variação no fornecimento de nutrientes é um fenómeno natural e é evidente na literatura que alguns deles podem ser suficientes enquanto outros são deficientes. Conhecendo o estado dos nutrientes nos solos, os fertilizantes podem ser utilizados de forma judiciosa. Voortman *et al.* (2003) concluíram que as recomendações gerais para a utilização simples de fertilizantes com macronutrientes são inadequadas e podem não ter os efeitos desejados. Os ensaios de solos fornecem informações sobre a disponibilidade de nutrientes nos solos, que constituem a base das recomendações de fertilizantes para maximizar o rendimento das culturas. Para uma correção eficaz de uma deficiência de macronutrientes no campo, é necessário compreender as razões da deficiência no solo. O conhecimento da distribuição espacial e vertical dos catiões de macronutrientes no solo é útil para compreender a capacidade inerente do solo para fornecer estes nutrientes às plantas e o seu movimento descendente no solo. Atualmente, faltam dados científicos fiáveis que possam apoiar o grau de fertilidade do solo na Eritreia. No entanto, a baixa contribuição do sector agrícola para o PIB, o baixo rendimento das culturas e os resultados das análises laboratoriais do solo podem ser considerados como um bom indicador para avaliar o estado de fertilidade dos solos.

Conhecer o estado dos macronutrientes (NPK) nos solos dá-nos o nível de aplicação de fertilizantes para obter o melhor rendimento possível. Esta informação e dados ajudariam, assim, a desenvolver estratégias e opções adequadas de gestão da fertilidade do solo para o padrão de fertilidade do solo na área. Por conseguinte, o presente estudo foi realizado com os seguintes objectivos

1. Determinar o estado dos macronutrientes em alguns solos da zona de Hamelmalo;
2. estudar a distribuição vertical de macronutrientes em alguns perfis selecionados; e
3. estudar a relação entre os macronutrientes e as propriedades físico-químicas dos solos.

CAPÍTULO 2

REVISÃO DA LITERATURA

O presente estudo, intitulado "Estado e distribuição de macronutrientes (NPK) nos solos da zona de Hamelmalo", foi realizado com o objetivo de estudar o estado e a distribuição de macronutrientes nos solos do campus da escola agrícola de Hamelmalo (HAC) e da zona da bacia hidrográfica de Basheri (BWA) e a sua relação com algumas propriedades importantes dos solos. A revisão da literatura pertinente é discutida nos seguintes pontos

2.1 Propriedades físicas do solo

As propriedades físicas dos solos determinam a sua adaptabilidade ao cultivo e o nível de atividade biológica que pode ser suportado pelo solo. As propriedades físicas do solo também determinam, em grande medida, a sua capacidade de fornecer água e ar às plantas. Muitas propriedades físicas do solo alteram-se com as mudanças no sistema de utilização das terras e na sua gestão, como a intensidade do cultivo, o instrumento utilizado e a natureza das terras cultivadas, tornando o solo menos permeável e mais suscetível a perdas por escoamento superficial e erosão (Sanchez, 2000).

2.1.1 Textura do solo e relações de fertilidade do solo

A textura do solo é uma das propriedades físicas inerentes ao solo menos afectadas pela gestão. A taxa de aumento da viscosidade ou da capacidade de moldagem à medida que o teor de humidade aumenta depende do teor de silte e argila, do grau de ligação das partículas de argila em grânulos estáveis e do teor de MO do solo (White, 1997). Durante um período de tempo muito longo, os processos pedogénicos como a erosão, a deposição, as eluviões e a meteorização podem alterar as texturas de vários horizontes do solo (Forth, 1990; Brady e Weil, 2002).

A textura do solo é o atributo mais fundamental da fertilidade do solo. Uma cultura baseada na agricultura tem uma compreensão empírica básica da física do solo, mas a química do solo é um conceito mais abstrato. Os agricultores de todo o mundo reconheceram que a fertilidade do solo aumenta com o teor de argila e que os solos com elevado teor de argila são propensos à seca nas zonas secas e às inundações nas zonas húmidas. A produção vegetal em solos argilosos é inferior à dos solos arenosos em zonas áridas, mas superior em zonas húmidas (Scholes, 1990). Isto deve-se aos efeitos interactivos da argila no estado da água no solo e no estado dos nutrientes no solo. A quantidade de iões que um solo pode reter contra a lixiviação é determinada pela magnitude da capacidade de troca iónica. A capacidade de troca iónica está localizada na matéria orgânica do solo e nas superfícies de argila.

As argilas têm uma área de superfície grande e frequentemente muito reactiva; estes dois factores variam muito entre classes de mineralogia. Dentro de uma classe mineralógica, tanto a capacidade de troca catiónica como a capacidade de troca aniónica estão linearmente relacionadas com o teor de argila do solo. Os solos vermelhos e amarelos altamente intemperizados dos trópicos húmidos contêm caulinite, que tem uma atividade e uma área de superfície moderadas. A matéria orgânica do solo também segue uma relação linear com o teor de argila. Isto deve-se a duas razões: em primeiro lugar, uma parte da matéria orgânica do solo é estabilizada através da formação de um complexo íntimo com partículas de argila e, em segundo lugar, a maior disponibilidade de nutrientes em solos argilosos leva a uma maior produção primária e, por conseguinte, a maiores entradas orgânicas. Daqui resulta que, dentro de uma classe mineralógica, tudo o resto constante, a fertilidade do solo está positivamente correlacionada com o teor de argila. As excepções a esta regra de ouro incluem os solos oxídicos, em que o aumento do teor de argila está associado a uma maior fixação de fósforo e a uma maior acidez do solo, e os solos muito áridos, em que um teor elevado de argila resulta em stress hídrico (Woomer & swift, 1994).

Burke *et al.* (1990) verificaram que o teor de argila do solo e a matéria orgânica total do solo estavam positivamente correlacionados em grandes regiões das Grandes Planícies. As texturas do solo têm uma relação significativa com a MOS e o COT em muitos dos modelos de decomposição e formação de matéria orgânica (Powlsen, 1991).

2.1.2 Densidade a granel

A densidade aparente de uma amostra de solo de volume conhecido é a massa (ou peso) dessa amostra dividida pelo volume aparente. O solo "ideal" conteria ar e água suficientes para satisfazer as necessidades das plantas, com espaço poroso suficiente para facilitar a penetração das raízes, enquanto as partículas minerais do solo forneceriam suporte físico e nutrientes essenciais para as plantas. A densidade aparente é influenciada pela quantidade de matéria orgânica nos solos, pela sua textura, pelos minerais constituintes e pela porosidade. O conhecimento da densidade aparente do solo é essencial para a gestão do solo e a informação sobre ela é importante na compactação do solo, bem como no planeamento de técnicas agrícolas modernas (Bernoux, *et al.*, 1998).

De acordo com White (1997), os valores da densidade aparente variam entre < 1 g/cm^3 para solos ricos em MO, 1,0 a 1,4 g/cm^3 para solos argilosos bem agregados e 1,2 a 1,8 g/cm^3 para areias e horizontes compactados em solos argilosos. A densidade aparente diminui normalmente à medida que os solos minerais se tornam mais finos em termos de textura. Os solos com baixa e alta densidade aparente apresentam condições físicas favoráveis e desfavoráveis, respetivamente. De acordo com Brady e Weil (2002), qualquer fator que influencie o espaço poroso do solo também afectará a densidade aparente. Por exemplo, o cultivo intensivo aumenta a densidade aparente, resultando numa redução da porosidade total.

Os resultados do estudo de Woldeamlak e Stroosnijder (2003) revelaram que a densidade aparente dos solos cultivados era mais elevada do que a densidade aparente dos solos florestais. A densidade aparente do solo aumentou nas camadas de 0-10 e 10-20 cm em relação ao período de tempo em que os solos foram submetidos a cultivo. Do mesmo modo, Ahmed (2002), citado em Gebeyaw (2007), referiu que a densidade aparente do solo, tanto em terras cultivadas como em terras de pastagem, aumentava com o aumento da profundidade do solo. Por outro lado, Wakene (2001) referiu que a densidade aparente era mais elevada à superfície do que nos horizontes subsuperficiais das terras abandonadas e deixadas em pousio durante doze anos. As mudanças nos atributos físicos do solo nos campos agrícolas podem ser atribuídas aos impactos da lavoura frequente e ao declínio do conteúdo de MO dos solos.

2.1.3 Densidade das partículas

A densidade é a massa por unidade de volume de um objeto. A densidade das partículas é igual à massa de partículas sólidas dividida pelo volume de partículas sólidas. É a densidade apenas das partículas minerais que compõem um solo, ou seja, exclui o espaço poroso e a matéria orgânica. De acordo com Brady e Weil (2000), o tamanho da densidade das partículas de um determinado mineral e a disposição dos sólidos do solo não têm nada a ver com a densidade das partículas, além disso, a densidade das partículas depende da composição química e da estrutura cristalina das partículas minerais e não é afetada pelos espaços porosos. A densidade das partículas do solo é tipicamente de 2,60 a 2,75 g cm^{-3} e é normalmente imutável para um determinado solo. A densidade das partículas do solo é mais baixa para solos com elevado teor de matéria orgânica e é mais elevada para solos com elevado teor de óxidos de Fe (Hillel, 1980). De acordo com Ahmed (2002), citado em Gebeyaw (2007), a camada superficial do solo tem um valor de densidade de partículas inferior ao dos horizontes do subsolo e a densidade de partículas mais elevada (2,93 g cm^{-3}) foi obtida nos horizontes do subsolo, independentemente dos sistemas de utilização do solo a diferentes altitudes. Este facto é atribuído ao menor teor de MO no subsolo do que nos horizontes superficiais. Os solos minerais superficiais, que quase sempre têm um teor de MO mais elevado do que os subsolos, têm normalmente uma densidade de partículas mais baixa do que os subsolos. Alguns solos minerais superficiais com alto teor de MO (15-20%) podem ter densidade de partículas tão baixa quanto 2,4g cm^{-3} mesmo abaixo (Brady e Weil, 2002). **2.1.4 Porosidade total**

O espaço poroso de um solo é a porção do volume do solo ocupada por ar e água. A quantidade de espaço poroso é determinada pela disposição das partículas sólidas. Os solos de textura grosseira tendem a ser menos porosos do que os solos de textura fina, embora o tamanho médio dos poros individuais seja maior nos primeiros do que nos segundos. O espaço poroso total é bastante variável entre os solos. Os solos arenosos superficiais apresentam uma variação de 35-50%, enquanto que os solos de textura média a fina variam de 40 a 60% e até mais em casos de OM elevada e granulação acentuada (Fritton e Olson, 1972).

Em geral, o cultivo intensivo causa a compactação do solo e a degradação das suas propriedades, incluindo a porosidade. Os macroporos podem ocorrer como espaços entre grãos de areia individuais em solos de textura grosseira. Assim, embora um solo arenoso tenha uma porosidade total relativamente baixa, o movimento do ar e da água através desse solo é surpreendentemente rápido devido à predominância de macroporos White (1997). Os solos férteis com condições ideais para a maioria das culturas agrícolas têm espaço poroso suficiente, mais ou menos igualmente dividido entre poros grandes (macro) e pequenos (micro). A diminuição da MO e o aumento da argila que ocorrem com a profundidade em muitos perfis de solo estão associados a uma mudança de macroporos para microporos (Brady e Weil, 2002).

2.2 Propriedades químicas do solo

Uma propriedade química do solo é também um aspeto importante para compreender o solo e a sua natureza. A composição química do solo depende mais da composição mineral original do material de origem a partir do qual é desenvolvido. Há numerosas reacções químicas que ocorrem no solo em vários ambientes. Durante estas reacções, certos nutrientes vegetais são fixados no solo, tornando-os não disponíveis para as plantas, e outros nutrientes são libertados, tornando-os mais disponíveis para as plantas. Por isso, é muito importante estudar as propriedades químicas do solo.

2.2.1 Reação do solo (pH) e condutividade eléctrica (CE)

A reação do solo (geralmente expressa como valor de pH) é o grau de acidez ou alcalinidade do solo. Reflecte a atividade do ião hidrogénio (H^+) na solução do solo e define a maioria dos limiares de atividade química e biológica. Assim, é uma das caraterísticas químicas mais importantes da solução do solo, porque tanto as plantas superiores como os microrganismos respondem de forma tão marcada ao seu ambiente químico. O pH do solo é uma função da saturação de bases (%BS), do tipo de coloide e do tipo de catião no solo. Indiretamente, o pH do solo é influenciado pelas propriedades inerentes do solo devido aos cinco factores de formação do solo: tempo, clima, biota, topografia e material de origem. O pH do solo é também influenciado por diferentes actividades antropogénicas e naturais, incluindo a lixiviação de bases permutáveis, as chuvas ácidas, a decomposição de materiais orgânicos, a aplicação de fertilizantes comerciais e outras práticas agrícolas (Tisdale *et al.,* 1995; Brady e Weil, 2002). A disponibilidade de nutrientes, a toxicidade, a atividade microbiana e o crescimento das raízes dependem muito do pH do solo (Arshad e Coen, 1992). A um pH baixo, alguns elementos metálicos como o zinco e o alumínio são demasiado abundantes e altamente móveis, causando toxicidade metálica e reduzindo a disponibilidade de elementos como o cálcio e o fósforo, que podem reagir para formar precipitantes (Brady & Weil, 2000). De forma adversa, a um pH elevado, elementos como o magnésio e o cálcio tendem a ser abundantes na solução do solo, enquanto micronutrientes como o ferro, o manganês e o boro se tornam indisponíveis. O tipo de vegetação, bem como a produtividade e a saúde, estão altamente correlacionados com o pH do solo e a capacidade da planta para tolerar ambientes ácidos ou alcalinos (Smith & Doran, 1996). O tamanho e a diversidade da comunidade microbiana num solo também dependem do pH. De acordo com Smith & Doran (1996), um pH do solo entre 6,6 e 7,3 é considerado ideal para a maioria das actividades microbianas que contribuem para o ciclo dos nutrientes (N, P e S) e valores de pH entre 5 e 8 são considerados ideais para a maioria dos microrganismos do solo.Em solos fortemente ácidos, o Al^{3+} torna-se solúvel e aumenta a acidez do solo, enquanto em solos alcalinos, os catiões básicos permutáveis tendem a ocupar os locais de troca dos solos, substituindo os iões H^+ e Al^{3+} permutáveis (Miller e Donahue, 1995).

A condutividade eléctrica (CE) é uma medida da salinidade do solo e pode também ser utilizada para estimar os nutrientes solúveis presentes (Smith & Doran, 1996). A atividade microbiana e vegetal responde à condutividade eléctrica do solo. Os solos altamente salinos causam um stress considerável e constrangimentos ao crescimento e desenvolvimento das plantas. A salinidade do solo tem um impacto significativo na respiração microbiana, na decomposição e noutros processos envolvidos no ciclo do azoto (Smith & Doran, 1996). Especialmente nas regiões áridas do mundo, a salinidade do solo torna-se normalmente um fator crucial na determinação da qualidade do solo. Muitas vezes, a drenagem do solo, o tipo de material de origem e a qualidade da água de irrigação contribuem consideravelmente para a salinidade do solo.

2.2.2. Azoto total

O azoto é um elemento muito importante para a nutrição e o crescimento das plantas. A deficiência de azoto é a deficiência de nutrientes mais comum nas culturas não leguminosas. Especialmente nos solos de textura grosseira das zonas de maior pluviosidade. O azoto encontra-se nos solos sob várias formas, das quais apenas algumas estão disponíveis para as plantas. Geralmente, o azoto tem de estar numa forma mineralizada (nitrato ou amónio) para estar prontamente disponível para as plantas. Existem vários reservatórios de azoto no solo. O azoto presente no reservatório de matéria orgânica do solo é mineralizado para formar nitrato (NO_3^-) e amoníaco (NH_4^+), que são os mais disponíveis para as plantas. O nitrato pode ser facilmente lixiviado ou, em condições de alagamento, pode ser sujeito a desnitrificação em óxido nitroso (N_2O) e gás nitrogénio (N_2). O produto inicial da mineralização é o azoto amoniacal (NH_4^+), que não é facilmente lixiviado da maioria dos solos (Mason, 1991). Se o amónio não for rapidamente absorvido pelas plantas, é convertido em nitrato através do processo de nitrificação. O nitrato é rapidamente absorvido pelas plantas, mas também se perde facilmente da zona radicular por lixiviação (Shaw, 1962). A taxa de nitrificação varia consideravelmente e é afetada pelo pH. A nitrificação é muito lenta em solos altamente ácidos e o amónio-N do fertilizante pode não se nitrificar completamente durante a estação de crescimento, mas em solos alcalinos o processo pode estar completo em duas semanas (Mason, 1991).

O azoto total mede a quantidade total de azoto presente no solo, grande parte do qual se encontra na matéria orgânica e não está imediatamente disponível para as plantas. Pode ser mineralizado para formas disponíveis. O azoto total não pode ser utilizado como medida das formas mineralizadas de azoto (NH_4^+, NO_3^-, NO_2^-), uma vez que uma grande parte se encontra retida na matéria orgânica do solo. Os termos descritivos geralmente associados a certas taxas (% em peso) de azoto total são: muito baixo (< 0,05), baixo (0,050,15), médio (0,15-0,25), alto (0,25-0,50), muito alto (>0,5) (Bruce e Rayment, 1982).

O teor total de N de um solo está diretamente associado ao seu teor de CO e a sua quantidade em solos cultivados situa-se entre 0,03% e 0,04% em peso (Tisdale *et al.*, 1995). O teor de N é mais baixo em solos contínua e intensivamente cultivados e altamente intemperizados dos trópicos húmidos e sub-húmidos devido à lixiviação e em solos altamente salinos e sódicos de regiões semi-áridas e áridas devido ao baixo teor de MO (Tisdale *et al.*, 1995). Wakene (2001) relatou que houve uma depleção de 30% e 76% do N total de campos agrícolas cultivados durante 40 anos e de terras abandonadas, respetivamente, em comparação com a terra virgem na área de Bako, Etiópia. A redução considerável do N total nos campos cultivados continuamente pode ser atribuída à rápida renovação (mineralização) dos substratos orgânicos derivados de resíduos de culturas (biomassa de raízes) sempre que adicionados após o cultivo intensivo (McDonagh *et al.*, 2001). Em todos os solos, a maior parte do N (98%) é orgânico. No entanto, as plantas só podem utilizar formas inorgânicas, como o N-amónio e o N-nitrato. A matéria orgânica é mineralizada no solo e o N inorgânico é produzido para o crescimento das culturas (Mason e Madin, 1996). O cultivo normalmente estimula a mineralização (Wakene, 2001). A taxa também depende da matéria orgânica presente (Mason e Madin, 1996).

2.2.3 Fósforo disponível

O fósforo é essencial nos processos metabólicos das plantas relacionados com o transporte de energia e o crescimento das plantas. Para além do fosfato de rocha, os recursos orgânicos, como os estrumes, são normalmente utilizados como fontes de fosfatos. O fósforo pode ser fortemente retido pelos solos através de mecanismos electrostáticos e não electrostáticos e, normalmente, não é lixiviado na maioria dos solos. Patterson (1994) verificou que os solos arenosos têm normalmente uma capacidade muito menor de absorver e reter o fósforo do que os solos de textura mais fina. Em solos arenosos que contêm pouca argila, alumínio, óxidos de ferro ou matéria orgânica, o fosfato pode lixiviar através do solo e afetar a qualidade das águas subterrâneas (Sparks, 1995).

A disponibilidade de fósforo no solo é uma questão complexa que depende do pH, de certos minerais e da atividade microbiana (Winegardner, 1996). O pH do solo pode influenciar significativamente os processos químicos. Os solos com um pH mais baixo têm, geralmente, níveis mais elevados de alumínio e ferro disponíveis, o que favorece estas reacções iónicas mais lentas. Da mesma forma, para solos com pH mais elevado, há geralmente mais cálcio disponível no solo para que estas reacções ocorram. No ano da aplicação, menos de 5% do P total aplicado como fertilizante de superfosfato ou fosfato de amónio é absorvido pelas plantas. Isto deve-se ao facto de o P solúvel em água que se desloca do adubo para o solo húmido reagir rapidamente com outros elementos, principalmente cálcio, ferro e alumínio na solução do solo (precipitação) e nas superfícies dos constituintes do solo (adsorção), para formar uma série de compostos insolúveis (Barrow, 1980).

O fósforo é adsorvido por átomos de ferro e alumínio expostos nos bordos dos cristais de óxidos de ferro e alumínio no solo ou nos bordos dos cristais de minerais de argila (Bowden *et al.*, 1980). O fósforo é geralmente mais fortemente adsorvido à medida que o pH do solo diminui. Quando os solos são limpos recentemente, o P é inicialmente adsorvido nos locais mais reactivos que o ligam fortemente. No entanto, o cultivo do solo (lavoura, escarificação ou sementeira de culturas com equipamento dentado) incorpora o P e expõe-no ao solo cujos locais de adsorção estão menos saturados. Consequentemente, o cultivo aumenta normalmente a adsorção de P e reduz a sua disponibilidade para o crescimento das plantas (Bolland e Gilkes, 1990). De acordo com Bolland e Gilkes (1990), os 10 cm superiores do solo são normalmente cultivados, pelo que, à medida que o fertilizante é aplicado ao longo do ano, os locais de adsorção nesta camada ficam saturados, as aplicações subsequentes de P são menos fortemente absorvidas e estão mais disponíveis para as plantas. As areias com teores muito baixos de argila (<5%), de óxido de ferro e de alumínio têm uma capacidade muito baixa de adsorver P. As experiências de campo confirmaram que o P aplicado foi lixiviado destes solos nas zonas de precipitação >450 mm (Ozanne *et al.*, 1961).

2.2.4 Potássio no solo

As diferentes formas de potássio no solo têm um grau variável de disponibilidade para as plantas. O potássio encontra-se em minerais primários, argila e minerais finos, formas solúveis e resíduos de culturas e microbianos. O potássio solúvel em água e o potássio permutável são as formas normalmente extraídas nos ensaios de solos. Ao contrário do N e do P, o K não causa problemas ambientais fora do local quando deixa o sistema do solo. Não é tóxico e não causa eutrofização em sistemas aquáticos (Brady e Weil, 2002). A maior parte do K total nos solos encontra-se na forma mineral e presume-se que a sua disponibilidade para as plantas é lenta. Ocorre como componente estrutural de minerais primários, como as micas (biotite, moscovite) e os feldspatos com K (Sparks, 1987). O K trocável é retido pelas cargas negativas do OM e dos minerais de argila. É facilmente trocado com outros catiões e está prontamente disponível para as plantas. À medida que é absorvido, é reabastecido a partir do K não permutável contido nas partículas de argila (Moore, 2004).

De acordo com Edwards (1993), nos solos de textura grosseira, o K permutável está principalmente associado à MO, pelo que o teor de K diminui com a profundidade. A maioria destes solos são deficientes em K ou têm potencial para desenvolver deficiências, mas isto não é universalmente verdade porque alguns solos arenosos contêm minerais primários não intemperizados nas fracções de areia e silte (Edwards, 1993). A maioria das areias profundas tem baixo teor de K total (<0,02%), pois são altamente intemperizadas e o único mineral primário que contêm é o quartzo (Moore, 2004). Nos solos de textura média e fina, o K permutável e não permutável está principalmente associado à fração argilosa. O teor de potássio tende a aumentar com a profundidade porque, na maioria dos solos, o teor de argila aumenta ao longo do perfil (Sparks, 1987; Brady e Weil, 2002).

A disponibilidade de K do solo para as plantas é influenciada por muitos factores, para além da mineralogia da argila. Estes incluem a dimensão das partículas, o teor de água, a acidez, o arejamento, a MO e a presença de outros iões (Hosking, 1986). De acordo com o mesmo autor, mais K fica disponível à medida que o solo se torna mais ácido e a calagem inverte esta situação, causando alguma fixação. No entanto, a calagem pode melhorar o crescimento das raízes e o fornecimento de outros nutrientes, pelo que o efeito líquido é imprevisível.

O potássio é um nutriente móvel e lixiviado em solos arenosos (Edwards, 1993). A taxa de lixiviação depende da precipitação e do CEC do solo. As medições de K em solos de planície arenosa a oeste de

Os solos australianos mostraram que o K aplicado se move lentamente pelo perfil ao longo de várias estações e a maior parte do K aplicado durante um período de quatro anos permaneceu a 1 m da superfície (Hodges, 2000). O potássio lixiviado de margas e argilas é mínimo porque o K está ligado à argila e à matéria orgânica. Em solos que contêm argilas 2:1 intemperizadas, o K pode ser absorvido de volta para os espaços entre camadas. Esta fixação pode ocorrer quando o K solúvel aumenta na solução do solo e o equilíbrio é deslocado para o K não permutável (Moore, 2004).

2.2.5 Matéria orgânica do solo (MOS)

É sabido que a matéria orgânica desempenha um papel importante numa série de processos físicos, químicos e biológicos do solo e é um dos indicadores mais importantes da qualidade e saúde do solo. As utilizações do solo desempenham um papel importante na acumulação de carbono orgânico do solo (SOC) através da entrada de matéria orgânica (Pandey *et al.*, 2010). O conhecimento do efeito das alterações da utilização dos solos no SOC é essencial para compreender os ciclos do carbono e prever as consequências da conversão de ecossistemas naturais em terras agrícolas.

A MO do solo é definida como qualquer material vegetal ou animal vivo ou morto no solo e inclui uma vasta gama de espécies orgânicas, tais como substâncias húmicas, hidratos de carbono, proteínas e resíduos vegetais (Foth e Ellis, 1997). O húmus é a substância deixada depois de os organismos do solo terem modificado os materiais orgânicos originais para um grupo bastante estável de produtos de decomposição, tal como os restos coloidais de OM (Millar e Donahue, 1995). Foth (1990) indicou que a distribuição do MO, expresso em carbono orgânico, é de 38% nas árvores e na cobertura do solo, 9% no solo da floresta e 53% no solo, incluindo as raízes e o MO associado às partículas do solo. Na maioria dos ambientes tropicais, a conversão da vegetação florestal em terras agrícolas resulta num declínio do teor de MO do solo para um equilíbrio mais recente e mais baixo (Woldeamlak e Stroosnijder, 2003). A maior parte dos solos da Eritreia são pobres em matéria orgânica (< 1 %) e deficientes em azoto e fósforo devido à baixa quantidade de materiais orgânicos e à erosão nas terras altas da Eritreia (FAO, 1994; Bojo, 1995). As alterações na qualidade do solo são geralmente avaliadas através da comparação dos parâmetros da matéria orgânica entre locais sujeitos a práticas agrícolas específicas e locais de referência. As comparações de C e N orgânicos totais, por exemplo, foram efectuadas entre solos nativos e solos cultivados (Foth, 1990). Os solos não cultivados têm mais MO no solo (tanto à superfície como no subsolo) do que os solos cultivados durante anos (Miller e Gardiner, 2001). Aproximadamente 50% da MO total nos ecossistemas florestais pode estar no solo, mais de 95% pode estar no solo onde as gramíneas são a vegetação dominante (Foth, 1990). Isto significa que as práticas de gestão do solo, que reduzem a sua fertilidade, diminuirão seriamente a sua atividade química e também a sua capacidade de reter os nutrientes das plantas (Assefa, 1978). A avaliação do C e N orgânicos como indicadores da qualidade do solo deve também ter em conta as propriedades inerentes ao solo e os processos específicos do local. Por exemplo, a textura desempenha um papel importante na determinação da quantidade de matéria orgânica que pode ser estabilizada no solo. Os solos com teores relativamente elevados de argila tendem a estabilizar e a reter mais matéria orgânica do que os solos com baixos teores de argila (Gregorich *et al.*, 1995).

Gregorich *et al.*, (1995) relataram que a concentração de carbono orgânico (CO) no solo da floresta diminuiu com a profundidade em mais de 10 vezes na superfície de 30 cm, de 139 g/kg de solo na camada de 015 cm para 12 g/kg de solo na camada de 15-30 cm. Em contrapartida, a concentração de CO sob o milho foi semelhante para as camadas de solo dentro da camada de arado, variando entre 19 e 21 gramas de carbono por kg de solo. No entanto, a massa de CO na superfície de 10 cm do solo da floresta era cerca de três vezes superior à do solo sob milho, mas abaixo de 10 cm, a quantidade de CO na floresta era semelhante à dos solos cultivados para milho (Gregorich *et al.*, 1995). Assim, a camada superficial é a mais relevante para avaliar o impacto das práticas de gestão na MO do solo, porque os solos superficiais são facilmente modificados diretamente pelo cultivo.

2.2.6 Capacidade de permuta catiónica

A capacidade de troca catiónica (CEC) é uma medida da capacidade do solo para reter iões de carga positiva. É uma propriedade do solo muito importante que influencia a estabilidade da estrutura do solo, a disponibilidade de nutrientes, o pH do solo e a reação do solo a fertilizantes e outros corretivos (Hazleton e Murphy 2007). A retenção e libertação de nutrientes e a capacidade de tamponamento do solo dependem da capacidade de troca catiónica do solo. A capacidade de troca catiónica é uma função da quantidade e do tipo de minerais de argila e da quantidade de matéria orgânica presente no solo. Os minerais de argila como a esmectite e outros minerais de argila com expansão 2:1 tendem a ter uma CEC mais elevada do que os minerais de argila 1:1 e não expansivos. A quantidade de matéria orgânica tem uma influência positiva no CEC.

A carga eletrostática desenvolvida nos solos pode ser quantificada em termos de CEC e é uma indicação da sua mineralogia e capacidade de retenção de nutrientes. Os iões retidos na superfície são permutáveis e podem ser substituídos por outros iões adicionados ao solo. De acordo com (Brady & Weill, 2000), a capacidade de um solo para reter NH4, K, Ca, Mg, Zn e Cu e outros catiões aumenta com o aumento da carga negativa. O solo actua de forma semelhante a um íman, atraindo e retendo iões de carga oposta e mantendo-os contra o movimento descendente da água através do perfil do solo. Os nutrientes retidos pelo solo desta forma são chamados "catiões permutáveis" e só podem ser deslocados ou trocados por outros catiões que tomam o seu lugar. Assim, a carga negativa de um solo é designada por capacidade de troca catiónica (CTC). Solos com alta CTC não apenas retêm mais nutrientes, mas são mais capazes de tamponar ou evitar mudanças rápidas nos níveis de solução do solo desses nutrientes, substituindo-os à medida que a solução se esgota (Hodges, 2000). Geralmente, a fertilidade inerente e a produtividade a longo prazo de um solo são grandemente influenciadas pela sua CEC. A CTC de um determinado solo é expressa em unidades de miliequivalentes por 100 gramas (meq/100g) de solo (Brady & Weill, 2002).

O catião permutável é uma forma desejável de um nutriente que é rapidamente colocado em solução e se torna acessível às raízes através da troca com o protão. A troca de catiões é importante nos solos, uma vez que mede a capacidade básica de retenção de nutrientes (Bell, 1993). Os catiões removidos dos locais de troca são frequentemente repostos rapidamente a partir de outras fontes, como a decomposição da MO, a meteorização mineral ou a libertação de iões fixados nas camadas de minerais de argila. Dawis (2006) observou que os solos com baixa CEC (<10%) são pobres na retenção de nutrientes catiónicos. Woldeamlak e Stroosnijder (2003) referiram que o valor de CEC era mais elevado em solos sob floresta e mais baixo em solos cultivados.

2.2.7 Catiões básicos permutáveis

Os solos em áreas de escassez de humidade (como em regiões áridas e semi-áridas) têm menos potencial para serem afectados pela lixiviação de catiões do que os solos de regiões húmidas e húmidas (Jordan, 1993). Os solos sob cultivo contínuo, aplicação de fertilizantes inorgânicos de formação ácida, Al trocável e extraível elevado e pH baixo são caracterizados por baixos teores de nutrientes minerais Ca e Mg, resultando em deficiência de Ca e Mg devido a lixiviação excessiva (Dudal e Decaers, 1993).

O Mg permutável normalmente satura apenas 5 a 20% da CEC efectiva, em comparação com os 60 a 90% típicos do Ca em solos neutros a ligeiramente ácidos (Brady e Weil, 2002). Os trabalhos de investigação realizados em solos etíopes indicaram que os catiões permutáveis Ca^{++} e Mg^{++} dominam os locais de permuta da maioria dos solos e contribuem mais para a percentagem total de saturação de bases, particularmente em Vertisols (Eyelachew, 2001). Diferentes culturas têm diferentes gamas óptimas de necessidades de nutrientes. A resposta ao fertilizante de cálcio é esperada pela maioria das culturas quando o Ca trocável^{++} é inferior a 0,2 cmol (+)/kg de solo, enquanto 0,5 cmol (+)/kg de solo é considerado o nível limite de deficiência de Mg nas regiões tropicais (Landon, 1991).

O sódio permutável (Na^{+}) altera as propriedades físicas e químicas do solo, principalmente ao induzir o inchaço e a dispersão de partículas argilosas e orgânicas, o que resulta na restrição da permeabilidade à água e do movimento do ar, na formação de crostas e em perturbações nutricionais (diminuição da solubilidade e disponibilidade dos iões Ca^{++} e Mg^{++}) (Sposito, 1989). Além disso, também afecta negativamente a população, a composição e a atividade dos microrganismos benéficos do solo, diretamente através dos seus efeitos tóxicos e indiretamente ao afetar negativamente as propriedades físicas e químicas do solo. Em geral, um elevado teor de Na permutável nos solos causa sodicidade, o que afecta a fertilidade e a produtividade do solo.

CAPÍTULO 3

MATERIAIS E MÉTODOS

Todos os estudos científicos se baseiam na metodologia sistemática, uma vez que esta constitui o edifício de que depende a validação e a precisão científicas. Este capítulo apresenta os instrumentos/métodos de análise utilizados para atingir os objectivos específicos em diferentes secções e subsecções.

3.1 Descrição do sítio

A investigação foi levada a cabo em Zoba Anseba Sub Zoba Hamelmalo em dois locais adjacentes, ou seja, no Campus da Escola Agrícola de Hamelmalo (HAC) e na Área da Bacia Hidrográfica de Basheri (BWA).

3.1.1 Campus da Escola Agrícola de Hamelmalo (HAC)

A Escola Agrícola de Hamelmalo situa-se a 15°52'21" N e 38°27'42" E de latitude e longitude, respetivamente, a uma altitude de cerca de 1285 m a.m.s.l. e está localizada a cerca de 12 km a norte de Keren, na estrada Keren-Nakfa, perto da aldeia de Hamelmalo, adjacente ao rio Anseba. A área total do Colégio é de cerca de 76,3 ha. (Figura 3.1) mostra os blocos de levantamento de solos do HAC e as localizações dos perfis de solos.

O HAC encontra-se num nível cimeiro delimitado pelo rio Anseba e seus afluentes em todos os lados. A sua superfície terrestre é caracterizada por planaltos e peneplanícies dissecadas e planícies de inundação e terraços. Os Planaltos e Peneplanícies Dissecadas dizem respeito a superfícies de erosão e acumulação antiga que estão a sofrer processos erosivos de degradação de intensidade ligeira a moderada e as Várzeas e Terraços são terrenos relativamente lisos adjacentes ao rio Anseba e seus afluentes. A área incluía planícies planas a suavemente inclinadas, talvez da superfície original, com declives suaves e convexos, descendo através das várzeas e terraços até aos fundos dos vales a leste e a oeste (localizações A e B na Fig. 3.2) e descendo abruptamente nas outras direcções. O declive global varia entre 0-15% com intensidade de relevo da área a não mais de 50m do nível do rio. A área de estudo tem um clima semi-árido com uma precipitação média anual de 424,67 mm yr^{-1} nos últimos catorze anos. A estação das chuvas começa em junho, atinge o seu pico em julho e agosto e termina em setembro, com poucas chuvas em março e abril. A temperatura média mensal mais elevada da área ocorreu em maio (36,2 ^{0}C) e a temperatura mais baixa em janeiro (11,0 ^{0}C).

As árvores e arbustos de grande crescimento que ocupavam o terreno eram predominantemente *Zizyphus spina Christi, Acacia tortilis, A. senegal, A. seyal, A. oerfata, Adansonia digitata, Balanites aegyptiaca, Dichrodtschys cineria, etc.*

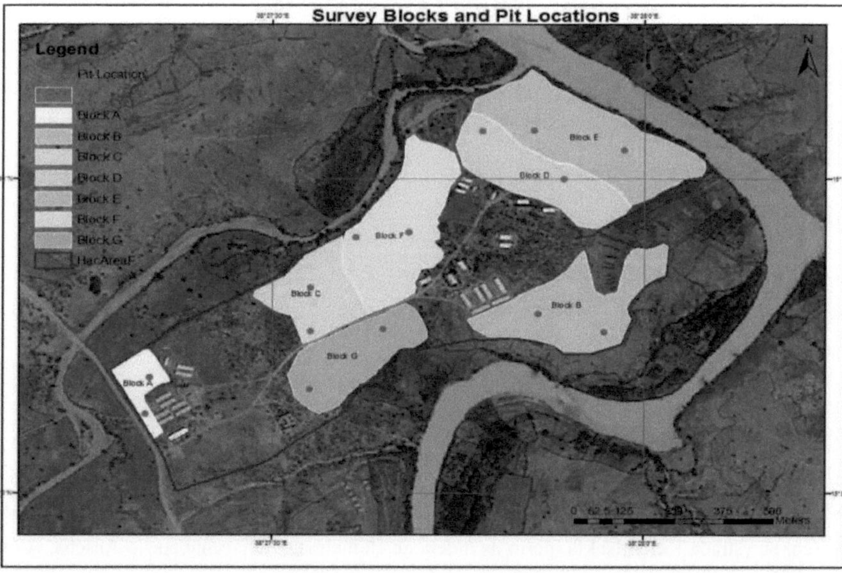

Fig: 3.1 Blocos de levantamento do solo HAC e localização dos perfis de solo

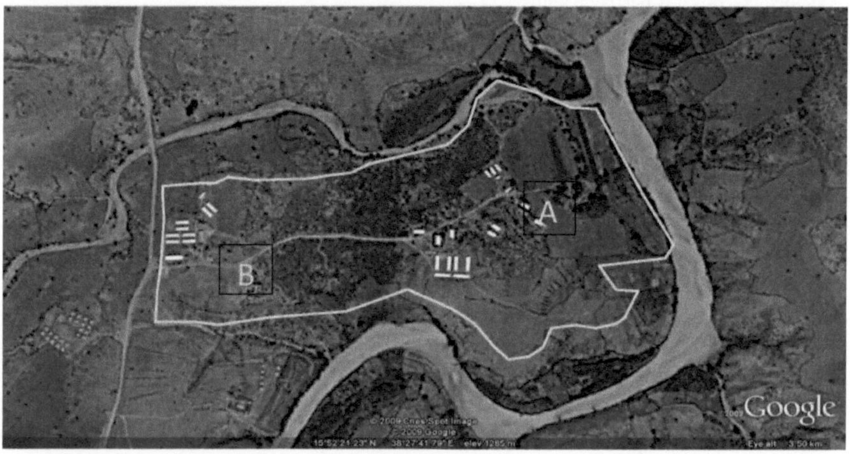

Fig 3.2 : Imagem de satélite HAC, fonte Google (2009).

3.1.2 Zona da bacia hidrográfica de Basheri (BWA)

A bacia hidrográfica de Basheri situa-se na aldeia de Basheri, zoba Anseba, subzoba Hamelmalo, na autoestrada Keren-Nakfa, cerca de 13 km a norte de Keren, a $15^0 52'05''$N e $38^0 26'35''$E de latitude e longitude, respetivamente. A bacia hidrográfica de Basheri faz fronteira com a cidade de Hamelmalo a norte, Kurbabered a sul, Dighe e Dolaekda a oeste e o rio Anseba a leste. A área pertence a uma planície árida com precipitação entre 200-500 mm e evapo-transpiração potencial de 1800-2000 mm (FAO, 1997a, citado em Woldeselassie e Stillhardt, 2011). A altitude da área da bacia hidrográfica estudada varia entre 1277 e 1359 m acima do nível do mar. A topografia da bacia hidrográfica selecionada é um terreno montanhoso com uma topografia ondulada, com uma diferença de altitude de 82 m. O solo da bacia hidrográfica formou-se a partir da deposição de materiais erodidos das colinas circundantes desde tempos geológicos e/ou do material de origem através da meteorização. As principais culturas da zona de Basheri são o sorgo e o milho-miúdo, bem como, em certa medida, o amendoim e o feijão-frade. O cultivo contínuo de uma cultura durante o verão era uma prática agrícola habitual na zona. O cultivo era efectuado mesmo em declives acentuados (> 15%). Muitos agricultores utilizavam um sistema de cultivo tradicional e de sequeiro, orientado para a subsistência. A área foi limpa de vegetação, mas podem ser observados alguns vestígios de espécies arbóreas como *Acacia tortilis, A. senegal, A. seyal, A. oerfata, Adansonia digitata, Balanites aegyptiaca, Dichrodtschys cineria, Grewia tenax, Zizyphus spina-christi e Commiphora Africana*, etc.

Os solos do sítio de estudo específico foram desenvolvidos em material de origem rico em sílica. De acordo com o sistema de classificação de solos da FAO-UNESCO, a maioria dos solos é classificada como Regosols. Na área de estudo, a taxa de erosão era extremamente grave e era comum observar superfícies de solo que tinham sido fortemente incisadas pela erosão de ravinas e valas. A área de estudo cobre uma superfície de 33,22 ha e a aldeia de Basheri tinha mais de 209 agregados familiares com uma população total de 950 pessoas e 150-200 animais de criação. Pertencem maioritariamente ao grupo étnico Tigre (100%). A agricultura de subsistência era a principal atividade económica, empregando cerca de 89% da população. De acordo com o escritório da subzona de Hamelmalo (comunicação pessoal, 2014), a propriedade média da terra é de 3 ha por família, com um sistema de propriedade fragmentado e os rendimentos das colheitas são baixos (400 kg/ha em média), com grande variabilidade dependendo da precipitação e da localização das terras cultivadas. Na aldeia de Basheri, foram selecionados três blocos com declives que variam entre <1% e >15%, com base nos tipos de declive e de utilização dos solos.

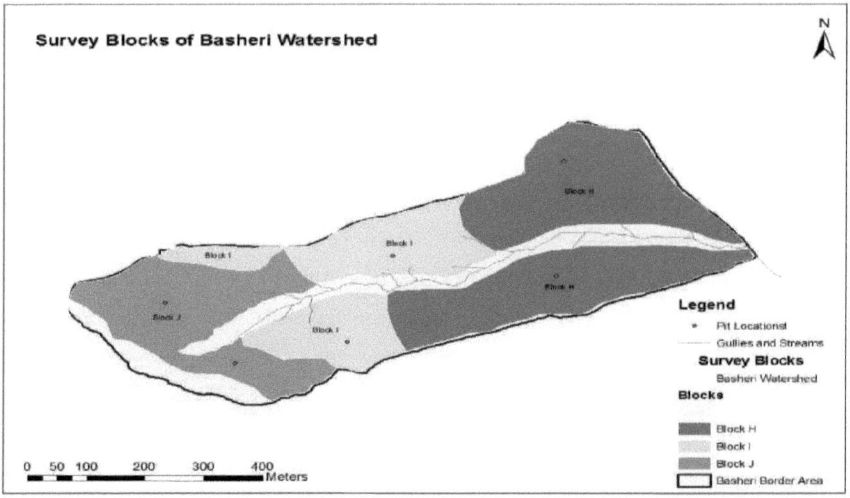

Fig: 3.3 Blocos de levantamento do solo da bacia hidrográfica de Basheri e localização dos perfis de solo

3.2 Trabalho de campo

3.2.1 Recolha e preparação de amostras de solo

Três factores principais, como a profundidade, a intensidade de amostragem por unidade de área do local amostrado e a conceção da amostragem, foram normalmente considerados no desenvolvimento de protocolos de amostragem do solo para monitorizar a alteração dos principais parâmetros de fertilidade do solo. Davidson e Ackerman (1993) observaram que a amostragem por profundidades fixas, em vez de por horizonte genérico, subestimava as perdas de carbono do solo devidas ao cultivo. Uma forma de ultrapassar este problema de medir com exatidão o carbono do solo consistiu em amostrar horizontes genéricos do solo, em vez de tentar amostrar a uma profundidade fixa. Verificou-se uma heterogeneidade considerável nas propriedades do solo à escala espacial de alguns metros ou menos, o que é particularmente verdade no caso de parâmetros do solo como o teor de oxigénio no solo, que foi influenciado pelas entradas de folhada.

Um levantamento preliminar do solo e uma amostragem e planeamento adequados para acomodar a variação espacial ao nível da parcela ou do compartimento foram considerações importantes quando se tentou medir as alterações nas propriedades físicas e químicas do solo à superfície. No início, foi efectuado um levantamento visual geral da área para se ter uma visão geral das variações na área de estudo. O mapa da área de estudo selecionada foi levantado utilizando um instrumento GPS (Geo explorer III) e carregado no software Arc GIS 9.3 (o mais recente software de cartografia da ESRI) e sobreposto com uma imagem de satélite swiz topo da HAC. Foi efectuada uma amostragem aleatória estratificada, em que as amostras dentro de cada unidade de estratificação são aleatórias. Foram selecionados locais representativos de amostragem do solo (blocos) com base no tipo de utilização do solo e no declive. Após a seleção geral dos locais, foram selecionados campos representativos de cada utilização do solo tipos, ou seja, cultivados (cereais e hortícolas) e floresta aberta não cultivada (OWL). Foram recolhidas, em média, 30 amostras de solo de cada bloco e as amostras de solo à superfície foram recolhidas a uma profundidade de 0-20 cm cada, num esquema de amostragem radial, utilizando um trado, tendo em conta as caraterísticas fisiográficas das secções transversais indiferentes da área, bem como a variação da textura do solo (Wilding, 1985).

Durante a recolha de amostras, foram excluídas as plantas mortas, os sulcos, os estrumes velhos, as zonas húmidas, as áreas próximas de árvores e as fossas de compostagem. Isto foi feito para minimizar as diferenças, que podem surgir devido à diluição da OM do solo devido à mistura através do cultivo e outros factores. Foi preparada uma amostra composta de solo para cada profundidade de solo e para os blocos de solo inquiridos. Foram colhidas amostras de solo separadas da superfície (0-20 cm) e do perfil com um cilindro de aço de ponta afiada, introduzido manualmente no solo para determinação da densidade aparente. Além disso, 20 perfis de solo, ou seja, 2 perfis de cada bloco, foram expostos a e/ou até ao contacto lítico ou paralítico. Todas as amostras foram recolhidas com muito cuidado para evitar a mistura de solos que poderia ocorrer durante a recolha de amostras. A localização das amostras de superfície e de perfil e a inclinação dos locais foram marcadas com a ajuda do Sistema de Posicionamento Global (GPS) e do Clinómetro, respetivamente. As amostras de solo recolhidas em campos representativos foram misturadas, secas ao ar, moídas, passadas por peneiras de 2, 1 e 0,5 mm e finalmente armazenadas em sacos de pano para análise de propriedades físico-químicas selecionadas do solo.

Os solos da área de estudo não estavam amadurecidos devido à falta de meteorização. Parece que este material foi transportado e depositado nesta área e devido à falta de meteorização química devido ao facto de a precipitação recebida ser inferior a 500 mm. Além disso, foram frequentemente encontrados depósitos de argila maciça enterrada na camada profunda do solo, o que pode ser o resultado de processos aluviais e de erosão num passado próximo. Os perfis de solo expostos mostraram a incidência de materiais depositados, como pedras de rio, no bloco F. Além disso, observou-se a incidência de tijolos enterrados e um lençol freático a 1,70 m no bloco E. Para estudar o perfil das propriedades físico-químicas do solo da área de estudo, foram expostos 20 perfis. Dos 20 perfis, foram selecionadas para análise amostras de solo de 10 perfis. Os perfis que foram expostos nos blocos B, I e J, devido à sua profundidade total do solo extremamente rasa (i.e. profundidade efectiva do solo < 25cm), a sua profundidade não foi qualificada para um perfil completo. Assim, apenas os seus solos superficiais foram considerados para a análise físico-química do solo proposta. Os perfis expostos nos blocos B e I mostraram a presença de regolito (material de origem de alcance de sílica), além disso, no bloco B, observou-se algum movimento descendente de solos de textura fina, o que indica que o solo está em processo de formação. Já no bloco J, abaixo dos 20 cm, observou-se a presença de rocha-mãe (Placa 3.1). Em geral, os solos dos blocos acima referidos podem ser caracterizados como pouco profundos, mal drenados e com um desenvolvimento muito limitado do perfil do solo. A razão para o perfil limitado do solo deve-se principalmente à topografia ondulada da área, com declives acentuados que são responsáveis por um escoamento elevado que cria baixas taxas de infiltração, erosão perigos, falta de vegetação e práticas adequadas de gestão do solo.

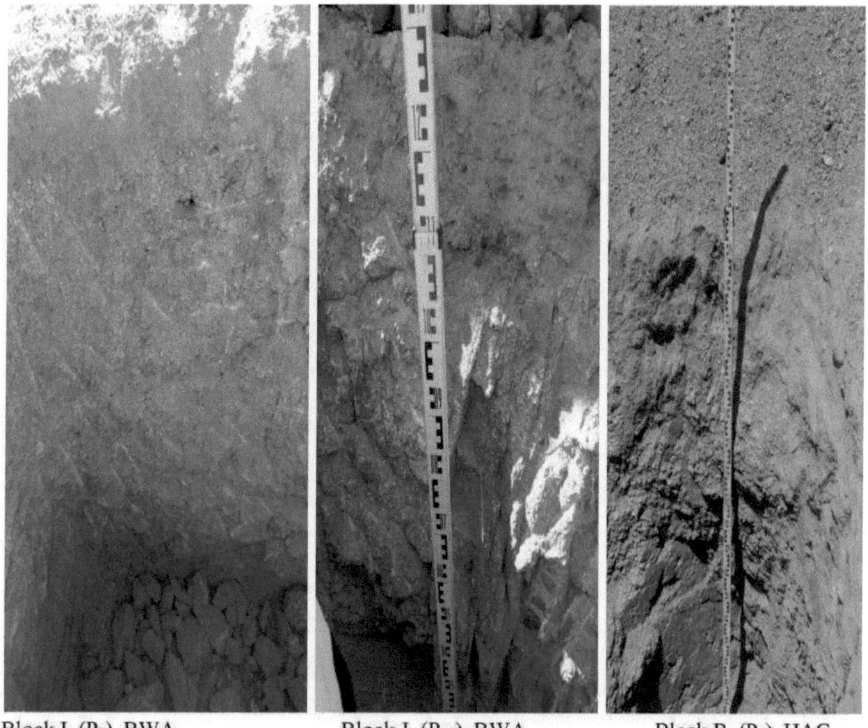

Block I, (P_9), BWA Block J, (P_{10}), BWA Block B, (P_2), HAC

Placa 3.1 Perfis de solo rejeitados com profundidade de solo muito rasa (profundidade de solo efectiva <25 cm).

Tabela 3.1 Pormenores dos perfis escavados em diferentes locais e com diferentes usos do solo.

Blocks	Profile no.		Latitude	Longitude	Altitude (m)	Slope %	Site
				Cereal cultivated			
A	P_1	A	1754476.83	441702.07	1288	0-5	HAC
		B	1754548.57	441656.12	1286	0-5	HAC
B	P_2	A	1754765.63	442692.74	1292	5-10	HAC
		B	1754738.71	442813.43	1292	5-10	HAC
C	P_3	A	1754804.23	442017.89	1290	<1	HAC
		B	1754735.13	442100.56	1286	<1	HAC
				Horticultural			
D	P_4	A	1755347.86	442529.03	1270	<2	HAC
		B	1755117.31	442483.19	1271	<2	HAC
E	P_5	A	1755277.76	442809.87	1270	<1	HAC
		B	1755263.54	442926.70	1269	<1	HAC
				Open woodland			
F	P_6	A	1755003.51	442307.37	1273	<1	HAC
		B	1755010.82	442212.77	1273	<1	HAC
G	P_7	A	1754581.31	442063.64	1289	0-15	HAC
		B	1754773.11	442078.75	1289	0-15	HAC
				Cereal cultivated			
H	P_8	A	1754957.12	441161.14	1294	0-1	Basheri
		B	1754686.23	441153.56	1293	0-1	Basheri
I	P_9	A	1754753.56	440880.66	1288	0-15	Basheri
		B	1754590.78	440699.54	1289	0-15	Basheri
J	P_{10}	A	1754768.66	440488.67	1320	>15	Basheri
		B	1754492.56	440553.23	1322	>15	Basheri

BlockA, (P_1), HAC   Block C, (P_3), HAC,   Block D, (P_4), HAC,   Block E, (P_5), HAC

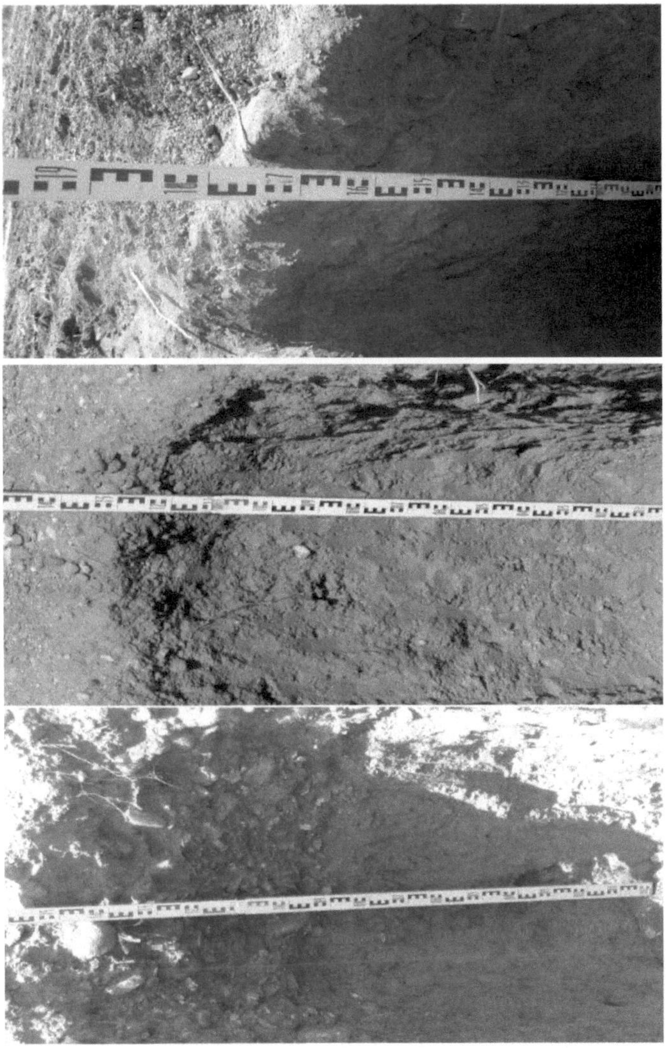

Block H, (P$_8$) Basheri

Block G, (P$_7$), HAC

Block F, (P$_6$), HAC

Placa 3.2 Perfis de solo escavados em diferentes tipos de utilização do solo na área de estudo.

3.3. Análises laboratoriais do solo

A análise principal das propriedades físicas e químicas dos solos foi efectuada na Escola Agrícola de Hamelmalo e no Instituto Nacional de Investigação Agrícola (NARI), respetivamente. Foram seguidos procedimentos laboratoriais padrão na análise das propriedades físico-químicas selecionadas consideradas no estudo e descritas no quadro 3.2.

Quadro 3.2 Parâmetros físico-químicos do solo e respectivos métodos de análise

Parameters	Unit	Methodology	Reference
Physical Parameters			
Sand	% (w/w)	Hydrometer	Van Reeuwijk (1992)
Clay	% (w/w)		
Silt	% (w/w)		
Bulk density	g cm^{-3}	Core sampling	Landon (1991)
Particle density	g cm^{-3}	Volumetric flask method	Ryan et. al., (2001)
Soil color		Munsull color chart	
Chemical Parameters			
pH (1:5)		pH meter	Ryan et.al., (2001)
EC (1:5)	dS m^{-1}	Conductivity meter	Ryan et al., (2001)
Organic Matter	% (g g^{-1})	Walkley and Black	Ryan et. al., (2001)
Total Nitrogen	%	Kjeldahl method	Ryan et. al., (2001)
Available Phosphorous	ppm	Sodium bicarbonate extraction	Olsen (1954)
Exchangeable K^+	cmol kg^{-1}	Extraction with ammonium acetate	Rhoades (1982)
Exchangeable Na^+			
Exchangeable Ca^{++}	cmol kg^{-1}	Extract by titration with EDTA	Richards (1954)
Exchangeable Mg^{++}	cmol kg^{-1}	Extract by titration with EDTA	Richards (1954)
CEC	cmol kg^{-1}	Extraction with ammonium acetate	Rhoades (1982)

3.4 Análise de dados

3.4.1 Estudos de correlação

Foram efectuadas correlações para estabelecer a relação entre as propriedades do solo e os macronutrientes catiónicos disponíveis e totais, utilizando o pacote IBM SPSS, de acordo com o procedimento descrito por **Gomez e Gomez (1984)**, para revelar as magnitudes e direcções das relações entre parâmetros selecionados de fertilidade do solo e propriedades físico-químicas e profundidades do solo. A significância foi testada ao nível de 1 e 5 por cento de significância.

Placa 3.3: Análise do azoto total pelo método de destilação de Kjeldahl.

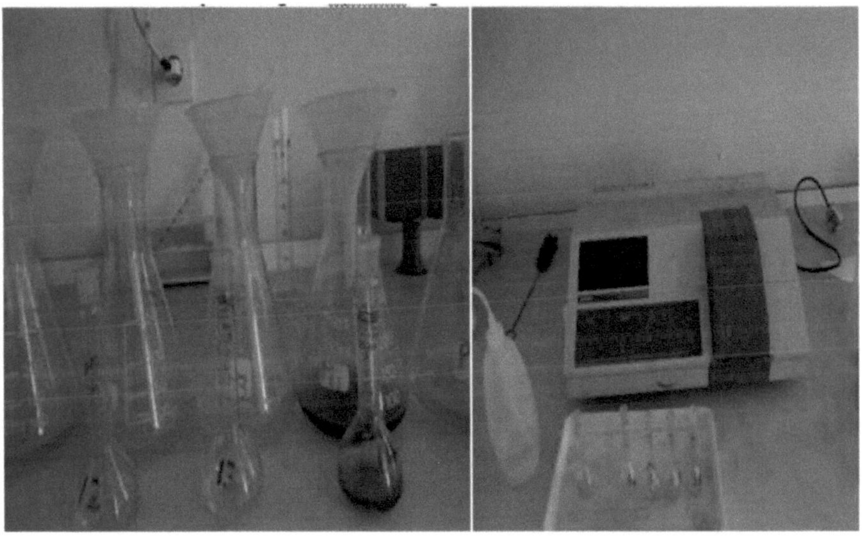

Placa 3.4 Extração de fósforo por biocarbonato de sódio ($NaHCO_3$) e análise por espetrofotómetro

Placa: 3.5 Potássio e sódio Extração com acetato de amónio (NH4OAC) e análise com fotómetro de chama

Placa 3.6: Leituras GPS dos perfis de solo exposto na BWA e HAC, respetivamente.

CAPÍTULO 4

RESULTADOS E DISCUSSÃO

Os resultados que emanam da presente investigação intitulada **"Estado e distribuição de macronutrientes (NPK) nos solos da área de Hamelmalo"** foram apresentados e discutidos nesta secção.

4.1 Propriedades físicas dos solos de superfície em diferentes tipos de utilização do solo

No apêndice III são apresentadas as propriedades físicas dos solos sob diferentes tipos de utilização das terras de dez amostras compostas de solos de superfície, ou seja, seis de solos cultivados com cereais, duas de solos hortícolas e duas de solos florestais abertos.

4.1.1 Separações mecânicas

Os dados relativos à análise mecânica constam do quadro 4.1, que mostra que, independentemente da utilização das terras, a análise textural do solo revela que a percentagem de areia, silte e argila varia entre 45,4 e 65, 23,7 e 38,8 e 2 e 22,4%, respetivamente. Uma leitura dos dados do quadro 4.1 revelou que, nos solos cultivados com cereais, a fração de areia à superfície variava entre 58 e 65%.

Do mesmo modo, nos solos hortícolas, o valor da fração de areia variou entre 45,4 e 52,5% e, do mesmo modo, nos solos florestais abertos, o teor de areia variou entre 51 e 52,5%. Um olhar sobre os dados da tabela 4.1 revelou que os valores médios de areia nos solos superficiais de cereais cultivados, hortícolas e de floresta aberta foram 62,05±3,12, 48,95±5,02 e 51,75±1,06, respetivamente.

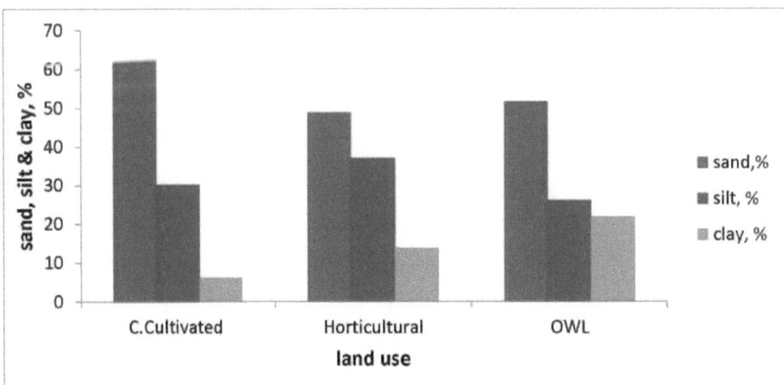

Fig: 4.1 Distribuições percentuais de areia, silte e argila do solo superficial (0-20 cm) O teor de silte nos solos superficiais das áreas cultivadas com cereais, hortícolas e de floresta aberta variou de 25 a 36,7, 35,5 a 38,8 e 26 a 26,6 %, respetivamente. Os valores médios do teor de silte para os solos superficiais das áreas cultivadas com cereais, hortícolas e de floresta aberta foram 30,18±5,49, 37,15±2,33 e 26,3±0,42 %, respetivamente.

Nos sistemas de utilização dos solos cerealíferos, hortícolas e florestais, o teor de argila nos solos superficiais variou entre 2 e 11,3, 12 e 15,8 e 21,5 e 22,4 %, com valores médios de 6,27±3,95, 13,9±2,6 e 21,95±0,64 %, respetivamente. Comparando todos os sistemas de utilização do solo, foram observados valores mais baixos de fracções argilosas superficiais do que as fracções de areia e silte (Quadro 4.1, Figura 4.1). O baixo teor de argila destes solos pode dever-se à remoção contínua de argila pela água de percolação e à remoção contínua de partículas de argila da superfície do solo, quer pelo vento quer pela água de escoamento. Resultados semelhantes foram encontrados por Kaistha e Gupta (1994), que relataram baixas quantidades de fração argilosa nos solos superficiais da região noroeste dos Himalaias. Apesar de a textura ser uma propriedade inerente ao solo, as práticas de gestão podem ter contribuído indiretamente para as alterações na distribuição granulométrica, em especial nas camadas superficiais, em resultado da remoção do solo por erosão em lençol e em regato e da mistura das camadas superficiais e subsuperficiais durante as actividades de lavoura contínua. Por conseguinte, foram observadas diferenças na distribuição granulométrica, que podem ser atribuídas ao impacto da desflorestação e de práticas agrícolas como a lavoura contínua ou o cultivo e o pastoreio intensivo.

4.1.2 Densidade aparente e das partículas

Os dados relativos à densidade aparente e à densidade das partículas são apresentados no quadro 4.1. Os dados do quadro 4.1 mostram que, independentemente da utilização do solo, a densidade aparente superficial da área em estudo variou entre um mínimo de 1,33 e um máximo de 1,78 gcm$^{\wedge 3}$ (apêndice III). O valor mínimo de 1,33 g cm$^{\wedge 3}$ foi obtido em solos florestais abertos, ao passo que o valor máximo de 1,78 g cm^3 foi obtido em solos cultivados com cereais da HAC. A densidade aparente dos solos cultivados com cereais variou entre 1,54 e 1,78 g cm^3 com um valor médio de 1,63±0,10 g cm^3 (quadro 4.1). Neste sistema de utilização das terras, tanto o valor mais baixo (1,54 g cm^3) como o mais alto (1,78 g cm^3) foram encontrados em solos cultivados com cereais localizados no HAC (anexo III). De acordo com uma escala geral de densidade aparente proposta por Hazelton e Murphy (2007), observou-se que cerca de 50% dos solos cultivados com cereais apresentavam uma densidade aparente moderada e os restantes 50% das amostras apresentavam uma densidade aparente mais elevada. Nos solos hortícolas, a densidade aparente variou entre 1,36 e 1,54 g cm^3 com o valor médio de 1,45±0,13 g cm$^{\wedge 3}$ (quadro 4.1). Neste sistema de utilização do solo, quase 100% das amostras de solo apresentaram um valor moderado de densidade aparente. A densidade aparente dos solos de floresta aberta variou entre 1,33 e 1,35 g cm^3 e os valores médios correspondentes foram 1,34±0,01 g cm^3 (quadro 4.1). Neste sistema, todas as amostras de solo tinham um valor baixo a moderado de densidade aparente (Hazelton e Murphy, 2007). Nos sistemas de utilização do solo baseados em cereais, cerca de 50% das amostras de solo à superfície apresentavam valores de densidade aparente mais elevados, o que indica que a densidade aparente aumentou com o cultivo. Os solos de floresta aberta apresentavam uma densidade aparente mínima, seguidos pelos sistemas de utilização dos solos baseados em hortícolas e cereais. Nos três sistemas de utilização dos solos, o valor mais baixo (1,33 g cm^3) e o valor médio mais baixo (1,34±0,01 g cm^3) foram registados nos solos de floresta aberta. Este valor mais baixo da densidade aparente do solo pode dever-se à adição de matéria orgânica nos solos florestais abertos, em comparação com os solos cerealíferos e hortícolas adjacentes. Sharma e Bhushan (2001) referem a redução da densidade aparente do solo devido à presença de uma maior quantidade de matéria orgânica. Além disso, a distribuição não perturbada dos poros pode ter resultado num maior volume de solo e, consequentemente, numa menor densidade aparente. Outra razão para a densidade aparente mais baixa do solo na floresta aberta pode dever-se ao teor mais elevado de argila (apêndice III) e à menor perturbação do solo na floresta aberta, ao contrário de outras utilizações do solo e da camada superficial. As gamas de valores de densidade aparente observadas neste estudo estavam dentro das gamas esperadas na maioria dos solos minerais, tal como referido por Hillel (1980).

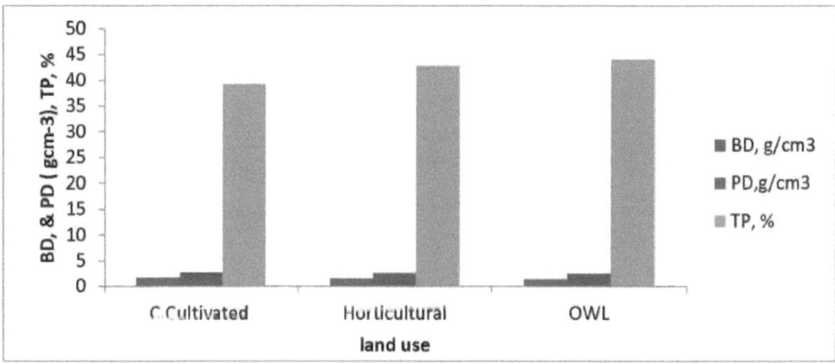

Fig: 4.2 Densidade aparente, densidade de partículas e porosidade total da superfície (0-20cm) do solo sob diferentes usos da terra Um estudo dos dados na tabela 4.1 revelou que a densidade de partículas da superfície da área em estudo variou de um mínimo de 2,39 g cm^{-3} a um valor máximo de 2,69 g cm^{-3}. O valor mínimo de 2,39 g cm^{-3} foi obtido em solos florestais abertos, enquanto o valor máximo de 2,69 g cm^{-3} foi encontrado em solos cultivados com cereais de HAC e BWA, respetivamente. A densidade superficial de partículas da área cultivada com cereais, horticultura e floresta aberta variava entre 2,60 e 2,69, 2,48 e 2,58 e 2,39 e 2,40 g cm^{-3}, respetivamente. Comparando os três sistemas de utilização dos solos, a densidade de partículas mais elevada, com um valor médio de 2,66±0,03 g cm^{-3}, foi obtida nas terras de cultivo de cereais. Enquanto que a densidade de partículas mais baixa, com um valor médio de 2,40 ± 0,01 g cm^{-3}, foi observada em áreas florestais abertas.

4.1.3. Porosidade total

Um estudo dos dados do quadro 4.1 mostrou que a percentagem de porosidade total em três utilizações do solo, *nomeadamente em* culturas de cereais, horticultura e floresta aberta, varia entre 34 e 42,38, 40,31 e 45,17 e 43,52 e 44,56%, com um valor médio de 39,24±3,20, 42,74±3,44 e 44,04±0,74 %, respetivamente. O valor médio máximo da percentagem de porosidade total nas zonas de floresta aberta pode dever-se à presença de uma quantidade relativamente elevada de argila e de matéria orgânica. Numericamente, a percentagem mais elevada de porosidade total (45,17%) foi obtida em solos hortícolas e o valor mais baixo (34%) de percentagem de porosidade total foi obtido em solos cultivados com cereais (anexo III).

Quadro 4.1 Intervalo e valores médios das propriedades físicas do solo à superfície (0-20 cm) em diferentes utilizações do solo.

	Sand, %	Silt, %	Clay, %	BD, gcm^{-3}	PD, gcm^{-3}	TP, %
			Cereal cultivated			
Range	58-65	23.7-36.7	2.00 - 11.3	1.54 -1.78	2.65-2.69	34.00-42.38
Mean	62.05±3.11	30.18±5.49	6.27±3.95	1.63 ±0.10	2.66±0.03	39.24±3.20
			Horticultural			
Range	45.45-52.5	35.5-38.8	12-15.8	1.36-1.54	2.48-2.58	40.31-45.17
Mean	48.95±5.02	37.15±2.33	13.9±2.69	1.45±0.13	2.53±0.07	42.74±3.44
			Open woodland			
Range	51.00-52.5	26-26.6	21.5-22.4	1.33-1.35	2.39-2.40	43.52-44.56
Mean	51.75±1.06	26.3±0.42	21.95±0.64	1.34±0.01	2.40±0.01	44.04±0.74

4.2. Propriedades químicas dos solos superficiais em diferentes tipos de utilização do solo

4.2.1. Reação do solo (pH) e Condutividade Eléctrica (CE)

Os dados relativos à reação do solo à superfície (pH) nos sistemas de cultivo de cereais, horticultura e floresta aberta foram apresentados no apêndice V, revelando que a maioria dos solos apresentava uma reação neutra a moderadamente alcalina. O pH nos solos cultivados com cereais, hortícolas e de floresta aberta variou de 7,15 a 8,29, 8,06 a 8,37 e 7,48 a 7,56, com um valor médio de 7,50±0,41, 8,22±0,22 e 7,52±0,06, respetivamente. O valor médio mais elevado (8,22±0,22) de pH foi registado no sistema de utilização do solo de base hortícola e o mais baixo (7,50±0,41) na utilização do solo cultivado com cereais (Quadro 4.2, Fig. 4.3). O valor relativamente mais baixo do pH nas terras cultivadas com cereais pode dever-se à depleção de catiões básicos na colheita das culturas e à drenagem para os cursos de água no escoamento gerado pela erosão acelerada. De acordo com a interpretação geral do pH medido em água (rácio solo/água de 1:5) proposta por Bruce e Rayment (1982), a distribuição das amostras na área de estudo indica que 50% do total de amostras de solo em terras cultivadas com cereais se enquadram na gama neutra, 33,34% na gama ligeiramente alcalina e 16,66% na gama moderadamente alcalina. Enquanto que nas utilizações hortícolas e florestais abertas todas as amostras de solo se enquadram numa reação moderadamente alcalina e ligeiramente alcalina, respetivamente. O pH neutro a alcalino pode ser atribuído à reação do material fertilizante aplicado com os colóides do solo, o que resultou na reação do catião básico no complexo permutável do solo (Ndukwu *et al.*, (2010).

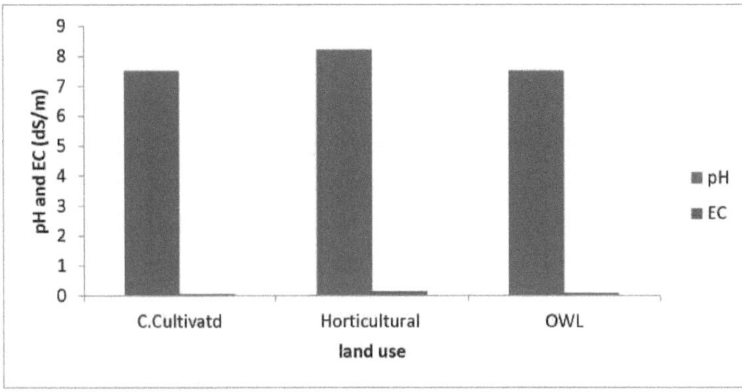

Fig: 4.3 EC e pH do solo superficial (0-20 cm) sob diferentes usos do solo

O teor de sais solúveis totais destes solos, expresso em condutividade eléctrica (CE), varia, em geral, entre 0,03 e 0,17 dS/m. O teor de sais solúveis totais variou entre 0,03 e 0,07, 0,13 e 0,17 e 0,07 e 0,09 dS/m nas amostras de solo de superfície para utilização em cereais, horticultura e floresta aberta, respetivamente (apêndice V). O valor médio da CE nas utilizações cerealíferas, hortícolas e florestais abertas foi de 0,05±0,03, 0,15±0,03 e 0,08±0,01 dS/m, respetivamente (quadro 4.2). A CE média das amostras de solo indica que a CE dos diferentes usos do solo é da ordem Horticultura > floresta aberta > usos do solo cultivados com cereais (Fig. 4.3). De acordo com as gamas de salinidade de Richards (1954) para o solo com base na CEe, todas as amostras de solo se situam na gama normal de CE, o que indica que a salinidade não constitui de todo um problema nestes solos, ou seja, os efeitos da salinidade são na sua maioria negligenciáveis. Os valores mais baixos de condutividade eléctrica nestes solos podem ser atribuídos a um maior número de macroporos, uma vez que a maioria das amostras de solo na área são de textura leve, resultando em condições de drenagem livre. Resultados semelhantes também foram registados por Ndukwu *et al.*, (2010).

4.2.2 Matéria Orgânica (MO)

Os dados relativos à matéria orgânica são apresentados no quadro 4.2. Considerando todas as utilizações do solo, a percentagem de matéria orgânica dos solos de superfície variou entre 0,17 e 1,29%. A percentagem de matéria orgânica nos solos superficiais utilizados para cereais, horticultura e floresta aberta variou de 0,17 a 0,47, 0,96 a 1,23 e 0,54 a 1,29%, com valores médios correspondentes de 0,35±0,11, 1,10±0,19 e 1,02±0,39%, respetivamente (Quadro 4.2). O teor mais elevado de MO foi encontrado em solos de floresta aberta. Por outro lado, a média mais elevada de teor de MO foi registada nos solos hortícolas (Fig. 4.4, Quadro 4.2). De acordo com Charman e Roper (2000), o teor de MO <0,70% é extremamente baixo, o teor de MO entre 0,70 -1,00% é muito baixo e 1,00-1,70% é baixo, 1,703,00% é moderado, 3,00-5,15% é alto e >5,15% é muito alto. Em geral, as classificações do teor de MO de todas as amostras, independentemente da utilização do solo, variaram de extremamente baixo a baixo. O teor de MO do solo foi o mais elevado (1,29%) na floresta aberta e o mais baixo (0,17%) nas terras cultivadas com cereais na área da bacia hidrográfica de Basheri. Nos solos cultivados com cereais, todas as amostras se situam numa gama extremamente baixa, o que indica que estes solos foram severamente erodidos e degradados. Já nos solos hortícolas, 50% das amostras estavam na gama muito baixa e os restantes 50% na gama baixa. Do mesmo modo, nas florestas abertas, 50% das amostras tinham uma classificação muito baixa, com um estado estrutural deficiente e uma estabilidade estrutural muito baixa, enquanto os restantes 50% tinham uma classificação baixa, devido a um estado estrutural deficiente a moderado e a uma estabilidade estrutural baixa a moderada. O declínio dos teores de MO e N total do solo nas terras cultivadas após a desflorestação e a conversão em campos agrícolas pode ter sido agravado pela insuficiente entrada de substrato orgânico do sistema agrícola devido à remoção de resíduos, à quase inexistência de rotação de culturas, à elevada taxa de oxidação da matéria orgânica do solo em resultado do cultivo contínuo durante um longo período de tempo sem pousio, à perda de matéria orgânica pela erosão hídrica e à remoção de materiais verdes (Yimer, *et al.,* 2007). Esta verdade geral foi assegurada por Grace *et al.*, (1995). O estudo anterior também referiu que a conversão de florestas em terras cultivadas leva a uma diminuição significativa do teor de matéria orgânica do solo (Jaiyeoba, 2003). Para além disso, em certa medida, o problema da lixiviação, que pode ser atribuído ao teor relativamente elevado de areia e à consequente textura leve dos solos, também pode ser a causa da redução da MO na área de estudo.

4.2.3. Azoto total

Os dados relativos ao teor de azoto total da área de estudo sob diferentes utilizações do solo foram apresentados no (apêndice V). Os dados mostraram que, independentemente da utilização do solo, a distribuição do azoto total no solo de superfície variava entre 0,01 e 0,08%. Uma leitura dos dados (apêndice V) indicou que o teor de azoto total nos solos superficiais das utilizações cerealíferas, hortícolas e florestais abertas variava entre 0,01 e 0,05, 0,05 e 0,06 e 0,05 e 0,08%, com um valor médio de 0,03±0,01, 0,06±0,01 e 0,07±0,02%, respetivamente. Assim, o azoto total foi considerado muito baixo ou baixo nas três utilizações do solo. Uma análise mais aprofundada dos dados da tabela 4.2 revelou que o valor mais baixo (0,01%) de azoto total foi encontrado em solos cultivados com cereais e o valor mais alto de azoto total (0,08%) foi encontrado em áreas florestais abertas.

Com base nas classificações de Bruce e Rayment (1982) para o azoto total, todas as amostras se encontram numa gama muito baixa a baixa. Observou-se também que 16,67% e 83,33% dos solos cultivados com cereais apresentavam um teor de azoto total baixo e muito baixo, respetivamente. Enquanto que nas outras utilizações do solo o teor de azoto total era baixo. Especialmente no solo cultivado com cereais, o teor de MO foi encontrado numa gama extremamente baixa. Estes resultados estão em consonância com a observação relatada por Mohanty et al., (2009) na sua revisão do artigo em que relataram que, devido aos climas tropicais e subtropicais, os solos mundiais são geralmente pobres em MO e, consequentemente, têm um baixo teor de N, com o azoto total dos solos minerais de superfície a variar entre 0,02% e 2,38%. O teor total de azoto do solo depende de vários factores, como o tipo de solo, a textura, o pH do solo, o clima, a topografia, a vegetação, a gestão dos fertilizantes, etc. Entre estes factores, o clima tem o efeito mais marcante no teor de OM do solo que, por sua vez, determina o teor de TN do solo. Devido ao clima quente e seco, os solos tropicais e subtropicais têm um teor de N inferior ao dos solos das zonas temperadas e húmidas. Estes autores referiram ainda que os solos virgens são ricos em N. O cultivo leva à desintegração e decomposição da MO do solo e, por conseguinte, há uma diminuição do teor de N dos solos. Além disso, estes autores referiram ainda que, normalmente, os solos de textura pesada ou fina contêm mais N do que os solos de textura ligeira ou grossa. Os resultados do presente estudo são ainda apoiados pela observação de Tuma *et al.*, (2007) que referiram que o cultivo intensivo e contínuo forçava a oxidação da MO, resultando assim na redução do TN. O esgotamento dos nutrientes disponíveis também pode ter ocorrido devido à maior remoção de nutrientes pelos produtos colhidos, em comparação com a sua adição. Esta situação indicou a necessidade de aplicação de fertilizantes contendo azoto. Entre os três sistemas de utilização das terras, a utilização de terras florestais abertas registou o valor médio mais elevado de azoto total do solo, seguida das utilizações de terras hortícolas e cerealíferas (Fig. 4.4).

4.2.4 Fósforo disponível

Os dados relativos ao fósforo disponível no solo de superfície são apresentados no quadro 4.2. Uma análise dos dados neste quadro revelou que, em geral, independentemente da utilização do solo, o teor de fósforo disponível nos solos de superfície da área de estudo variava entre 1,01 em cereais cultivados em BWA e 3,06 ppm em cereais cultivados em HAC. O teor de fósforo disponível variou de 1,01 a 3,06, 2,03 a 2,04 e 1,01 a 2,04 ppm para as utilizações cerealíferas, hortícolas e florestais abertas, respetivamente (quadro 4.2). Os valores médios de fósforo disponível para os solos cerealíferos, hortícolas e florestais abertos foram de 1,70±0,84, 2,035±0,01 e 1,02±0,01 ppm, respetivamente. De acordo com Clements e McGowan (1994), independentemente das utilizações do solo, todas as amostras foram classificadas como baixas. Os baixos teores de P disponível observados no solo da área de estudo estão de acordo com os resultados comunicados por Murphy (1968) e Eylachew (1987), que referiram que a disponibilidade de P na maior parte dos solos da Etiópia diminui devido aos impactos da fixação, da colheita abundante e da erosão. Embora o teor superficial de OM das terras cultivadas fosse mais baixo, o teor de P disponível em alguns dos solos superficiais cultivados com cereais da HAC era ligeiramente superior ao dos outros tipos de utilização das terras. Este P disponível mais elevado na área HAC pode dever-se à aplicação de fertilizante de fosfato de di-amónio (DAP) nas terras cultivadas. Para além disso, estes resultados podem indicar (a) uma melhor mineralização temporária de OM do que outros usos do solo, (b) que a OM não é necessariamente a fonte primária de fornecimento de P disponível em solos tropicais altamente intemperizados, mas que a intemperização mineral tem uma importância considerável como fonte de pools de P disponíveis e totais no solo. Estes resultados estão de acordo com os resultados relatados por Saikh *et al.* (1998).

Comparando as utilizações à base de cereais e de floresta aberta, o teor mais elevado de P (3,06 ppm) foi observado na utilização de terras cultivadas com cereais em HAC e o valor mais baixo (1,01 ppm) foi registado em O teor mais elevado de P (3,06 ppm) foi observado no uso do solo cultivado com cereais em BWA e o valor mais baixo (1,01 ppm) foi registado no uso do solo cultivado com cereais em BWA e resultados semelhantes foram registados no uso do solo cultivado com cereais e em floresta aberta em HAC. O teor mais baixo de P na zona de Basheri pode dever-se à menor aplicação de OM e ao facto de os agricultores da zona quase não aplicarem fertilizantes químicos. O teor mais baixo de P no bosque aberto pode dever-se ao facto de a vegetação do bosque aberto, com a sua maior biomassa, absorver uma maior quantidade de P disponível, causando o esgotamento de P, particularmente abaixo da camada superficial (0-20 cm) do solo. Tiwar (2009) referiu na sua revisão de um artigo que os problemas de fertilidade do P nos solos são de três ordens: (i) o teor total de P nos solos é baixo, geralmente não superior a um décimo ou um quarto do teor total de N; (ii) os compostos de P que ocorrem no solo são pouco solúveis ou insolúveis; e (iii) fixação de fontes de P solúveis em formas indisponíveis. O teor total de P não está, em geral, diretamente relacionado com o teor de P disponível para as plantas, ao passo que a solubilidade relativa dos compostos de P e a fixação de fosfatos determinam, em grande medida, a disponibilidade de P nos solos. O autor referiu ainda que os latossolos, os solos mistos vermelhos e vermelhos (com cascalho) de aluviões semi-áridos e arenosos costeiros têm geralmente um baixo teor de P disponível. Estes resultados são comparáveis aos da presente investigação.

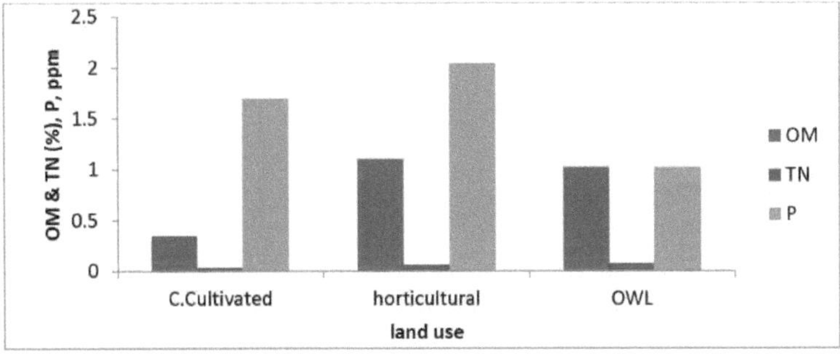

Fig: 4.4 Matéria orgânica, azoto total e estado do fósforo disponível no solo superficial (0-20 cm) sob diferentes usos do solo.

4.2.5 Capacidade de permuta catiónica (CEC)

Uma leitura dos dados na tabela 4.2 mostrou que, independentemente dos usos do solo, os valores de CEC sob diferentes usos do solo variaram de um valor mínimo de 24,3 cmol (+)/kg em solos de cultivo de cereais a um valor máximo de 37,6 cmol (+)/kg em área de floresta aberta (apêndice V). A CEC para as utilizações de cereais cultivados, horticultura e floresta aberta variou de 24,3 a 35,2, 24,9 a 27,8 e 24,52 a 37,6 cmol (+)/kg com valores médios de 30,56±4,44, 26,35±2,05 e 31,05±9,26 cmol (+)/kg, respetivamente. A capacidade de troca catiónica da área de estudo variou de local para local, dependendo da textura do solo e do teor de matéria orgânica. O valor médio do uso do solo em floresta aberta apresentou a CEC máxima, seguido dos usos do solo em cereais e horticultura, respetivamente (Fig. 4.5).

De acordo com Landon (1991), os solos de topo com CEC > 40, 25-40, 12-25, 6-12 e < 6 cmol (+)/kg são classificados como muito altos, altos, moderados, baixos e muito baixos, respetivamente. Cerca de 33,33% e 66,67% das amostras de solo provenientes de terras cultivadas com cereais apresentaram valores muito baixos e baixos de CEC, respetivamente. A baixa a muito baixa CEC dos solos pode ser atribuída ao baixo teor de matéria orgânica, bem como aos níveis baixos a médios de argila na superfície superior do solo. Enquanto que nas utilizações hortícola e de floresta aberta quase todas as amostras tinham valores de CEC qualificados a elevados.

Os valores mais elevados de CEC em utilizações florestais abertas podem ser atribuídos à presença de matéria orgânica relativamente mais elevada em solos não cultivados. Wodeamlak e Stroosnijder (2003) também registaram valores mais elevados de CEC na presença de maior matéria orgânica no solo. Quanto mais elevada for a capacidade de troca catiónica (CTC) nos solos superficiais de utilização hortícola e florestal aberta, maior será a capacidade do solo para reter elementos minerais (Landon, 1991), sendo geralmente aceite que a MOS é responsável por 25-90 % da CTC total dos solos minerais superficiais (Oades *et al.,* 1989). Dawis (2006) observou que os solos com CEC (>10%) são considerados satisfatórios para a maioria das culturas.

4.2.6 Catiões básicos permutáveis

Os dados relativos aos catiões básicos permutáveis são apresentados no quadro 4.2 e mostram que, considerando todas as utilizações do solo em conjunto, o valor do cálcio permutável (Ca^{++}), do magnésio (Mg^{++}), do potássio (K^{+}) e do sódio (Na^{+}) varia entre 16 e 29, 2 e 7, 0,07 e 0,26 e 0,06 e 0,68 cmol(+)/kg de solo, respetivamente. O teor de Ca permutável^{++} nos usos cerealífero, hortícola e florestal variou de 17 a 28, 18 a 21 e 17 a 29 cmol(+)/kg, com valores médios de 24,17 ± 4,12, 19,5± 2,12 e 23± 8,45 cmol (+)/kg, respetivamente (Quadro 4.2). Ao comparar as três utilizações do solo, o teor mais elevado (28 cmol (+)/kg) de Ca permutável^{++} foi observado na utilização do solo cultivado com cereais na área da bacia hidrográfica de Basheri e o mais baixo (17 cmol (+)/kg) foi encontrado na utilização do solo cultivado com cereais em Basheri e na utilização de floresta aberta em HAC. Observou-se que o teor de Ca permutável^{++} na utilização de terras cultivadas com cereais era 16,67% elevado e 83,33% das amostras registaram um valor muito elevado, enquanto nos campos hortícolas era 50% elevado e 50% muito elevado, do mesmo modo que na utilização de florestas abertas todas as amostras tinham um teor mais elevado de Ca permutável^{++} . Para a maioria das culturas, o nível limite recomendado de Ca^{++} é de 5-10 cmol (+) kg^{-1}. Embora diferentes culturas tenham diferentes gamas óptimas de necessidades de nutrientes, a resposta ao fertilizante de cálcio é esperada na maioria das culturas quando o cálcio permutável é inferior a 0,2 cmol (+) kg^{-1} de solo (Landon, 1991).

O teor de magnésio permutável (Mg^{++}) em áreas de cereais, horticultura e floresta aberta varia de 2 a 7, 5-5 e 6 a 7 cmol (+)/kg, respetivamente. $^{++}$ O teor mais elevado (7 cmol (+)/kg) foi encontrado nos usos cerealíferos e florestais em HAC e o teor mais baixo (2 cmol (+)/kg) de Mg permutável foi encontrado em solos cultivados com cereais na área da bacia hidrográfica de Basheri. Os valores médios das utilizações cultivadas, hortícolas e florestais foram de 5,33±1,75, 5±0 e 6,5±0,71 cmol (+)/kg, respetivamente. O valor do teor de Mg^{++} permutável nas áreas cultivadas com cereais foi considerado 16,67% moderado e 83,33% elevado e todas as amostras de solo nas utilizações hortícola e florestal aberta foram qualificadas para um teor mais elevado de Mg^{++} permutável. Os níveis médios a muito elevados de Mg^{++} nos solos sugerem que os solos têm reservas naturais de Mg^{++} suficientes para o crescimento das culturas nos locais estudados. Para a maioria das culturas, o nível limite recomendado de Mg^{++} é de 1,0 - 3,0 cmol (+) kg^{-1}. A resposta ao fertilizante Mg^{++} é esperada na maioria das culturas quando o magnésio permutável é inferior a 0,5 cmol (+)/kg de solo (Landon,1991).

O teor de potássio permutável (K^+) foi o mais elevado (0,26 cmol (+)/kg) na utilização de floresta aberta e o mais baixo (0,07 cmol (+)/kg) na utilização de terras cultivadas na bacia hidrográfica de Basheri. Os valores de K trocável$^+$ para as utilizações de cereais, horticultura e floresta aberta variaram de 0,07 a 0,21, 0,18 a 0,25 e 0,19 a 0,26 cmol(+)/kg, com valores médios correspondentes de 0,13±0,05, 0,22±0,05 e 0,24±0,05 cmol (+)/kg, respetivamente. Em todos os usos do solo, a disponibilidade de K trocável$^+$ varia de muito baixa a baixa. O teor mais baixo de K disponível$^+$ pode ser atribuído à menor abundância de ilite - um mineral rico em potássio nestes solos (Katyal, 2003).

Níveis de K trocável$^+$ inferiores a 0,2 cmol (+)/kg sugerem que é possível uma resposta da planta à aplicação de fertilizante K^+, particularmente onde ocorre uma remoção pesada de K por colheita ou pastoreio (Hazelton e Murphy, 2007). O teor relativamente mais elevado de K^+ na floresta aberta do que nas terras cultivadas com cereais está de acordo com os resultados comunicados por Mesfin (1996), segundo os quais foi registado um teor elevado de K^+ em solos tropicais com pH elevado.

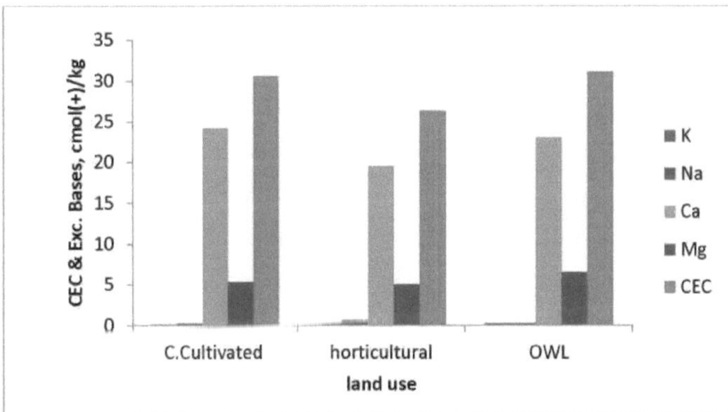

Fig: 4.5 CEC e estado da base permutável de solos superficiais (0-20 cm) sob diferentes usos da terra
As gamas de valores médios de K permutável$^+$ observados neste estudo mostraram que o K^+ estava abaixo dos níveis críticos (0,38 cmol (+)/kg) para a produção da maioria das plantas cultivadas, como indicado por Barber (1984). Em geral, os teores mais baixos de K trocável$^+$ nas terras cultivadas do que na área de floresta aberta podem dever-se às suas perdas contínuas nas partes colhidas das plantas das áreas cultivadas. Os resultados acima mencionados também consideraram estes factores e a aplicação de fertilizantes de formação ácida como os principais factores que afectam a distribuição de K^+ nos sistemas de solo, aumentando principalmente a sua depleção, especialmente em solos

tropicais (Wakene, 2001). No que respeita ao K permutável$^+$, 83,33% e 50% das amostras de solo das utilizações cerealífera e hortícola apresentaram valores muito baixos de K permutável$^+$, respetivamente, e 16,67%, 50% e 100% das amostras das utilizações cerealífera, hortícola e florestal aberta apresentaram valores baixos de K permutável$^+$, respetivamente. Estes resultados estão de acordo com os resultados relatados por Mohanty *et al.*, (2009) que relataram que uma compilação do estado de fertilidade K dos solos efectuada com base em 3,65 milhões de amostras revelou que 21% dos distritos eram baixos, 51% dos distritos eram médios e 28% dos distritos eram elevados em termos de K disponível$^+$. Isto indicou que uma diminuição no estado de K dos distritos, que antes tinham alto estado de K^+, possivelmente por causa da baixa aplicação de K^+. Embora o nível crítico para a avaliação da deficiência de K em diferentes solos que diferem em mineralogia sejam susceptíveis de diferir.

O sódio permutável (Na^+) nas utilizações cerealíferas, hortícolas e florestais abertas variou de 0,06 a 0,54, 0,54 a 0,68 e 0,27 a 0,28 cmol(+)/kg, com um valor médio de 0,25±0,18, 0,61±0,10 e 0,28±0,01 cmol (+)/kg, respetivamente. O teor mais elevado (0,68 cmol (+)/kg) de Na permutável$^+$ foi encontrado no sistema de utilização do solo baseado na horticultura. Enquanto que o valor mais baixo (0,06 cmol (+)/kg) de Na permutável$^+$ foi obtido em solos cultivados com cereais na área da bacia hidrográfica de Basheri. Com base nos níveis de catiões permutáveis de Metson (1961), 16,67% e 50% das amostras de solo de solos cultivados com cereais encontravam-se na gama muito baixa e baixa, respetivamente. Por outro lado, 33,33% e 100% das amostras das áreas cultivadas com cereais e hortícolas encontravam-se na gama moderada, respetivamente. Do mesmo modo, nas utilizações florestais abertas, todas as amostras apresentaram um teor baixo de Na^+ permutável. Em geral, de acordo com Metson (1961), a disponibilidade de Ca permutável^{++}, Mg^{++}, K^+ e Na^+ em todas as utilizações do solo variou de elevada a muito elevada, moderada a elevada, muito baixa a baixa e muito baixa a moderada, respetivamente.

Tabela 4.2 Gama e valores médios dos principais nutrientes e propriedades químicas em solos superficiais (0-20 cm).

	pH (1:5)	EC(1:5)	OM	TN	P	K^+	Ca^{++}	Mg^{++}	Na^+	CEC
		dS/m	%	%	ppm	cmol(+)/kg				
Cereal Cultivated										
Range	7.15-8.29	0.03-0.10	0.17-0.47	0.01-0.05	1.01-3.06	0.07-0.21	17-28	2-7	0.06-0.54	24.3-35.2
Mean	7.51±0.41	0.05±0.03	0.35±0.11	0.03±0.01	1.70±0.84	0.13±0.05	24.17±4.12	5.33±1.75	0.25±0.18	30 57±4.44
Horticultural										
Range	8.06-8.37	0.13-0.17	0.961.23	0.05-0.06	2.03-2.04	0.18-0.25	18-21	5-5	0.18-0.25	24.9-27.8
Mean	8.22±0.22	0.03±0.15	1.10±0.19	0.06±0.01	2.035±0.01	0.22±0.05	19.5±2.12	2.00±0.00	0.22±0.05	26.35±2.05
Open woodland										
Range	7.48-7.56	0.07-0.09	0.74-1.29	0.05-0.08	1.01-1.02	0.21-0.26	17-29	6-7	0.27-0.28	25.52-37.6
Mean	7.52±0.04	0.08±0.01	1.02±0 39	0.07±0.02	1.02±0.01	0.24±0.04	23±8.45	6.5±0.71	0.28±0.01	31.05±9.26

4.3 Propriedades físico-químicas dos perfis de solo

Os resultados relativos às caraterísticas físico-químicas e à distribuição de macronutrientes nos perfis são interpretados utilizando médias ponderadas. A média ponderada para o horizonte subsuperficial das amostras de perfil foi calculada multiplicando a profundidade do horizonte pelo valor correspondente da propriedade do solo . A soma total do produto foi dividida pela profundidade total dos horizontes.

4.4 Propriedades físicas dos perfis de solo

Os parâmetros físicos do solo de sete perfis, ou seja, três de solos cultivados com cereais, dois de solos hortícolas e dois de solos florestais abertos, foram apresentados no anexo IV.

4.4.1 Textura do solo

A textura do solo nos perfis da área de estudo variava entre franco-argiloso e franco-arenoso. Em geral, independentemente da profundidade, considerando todas as utilizações do solo, a percentagem de areia, silte e argila variou entre 24,2 e 71, 18,6 e 45,7 e 1,9 e 36,8%, com um valor médio ponderado de 51,69±4,25, 30,91±3,56 e 18,89±4,95%, respetivamente (quadro 4.3). O valor máximo (71%) e mínimo (24,2%) de areia foi encontrado no tipo de uso do solo hortícola e cerealífero, respetivamente (apêndice IV). No que respeita ao silte, o valor mais elevado (45,7%) foi observado nos terrenos hortícolas e o mais baixo (18,6%) nos terrenos florestais abertos. Do mesmo modo, o teor de argila foi mais elevado (36,8%) e mais baixo (1,9%) nas terras cultivadas com cereais. No entanto, o valor médio mais elevado de teor de argila foi obtido nas utilizações florestais abertas, seguido das utilizações hortícolas e cerealíferas, respetivamente.

Um exame do apêndice IV mostrou que a distribuição em profundidade do teor de areia em todos os perfis expostos não apresentou uma tendência específica de diminuição ou aumento com a profundidade. Do mesmo modo, o teor de silte apresentou uma distribuição irregular, exceto na floresta aberta, onde apresentou uma tendência de aumento com a profundidade. No entanto, o teor de argila apresentou uma tendência decrescente com a profundidade nas utilizações em floresta aberta, mas nas restantes utilizações do solo o teor de argila não apresentou qualquer tendência específica com a profundidade. Isto pode dever-se ao facto de estes materiais terem sido depositados ano após ano, principalmente devido às águas de escoamento. A percentagem de areia, silte e argila variou entre 24,2 e 65, 23,7 e 42,6 e 1,9 e 36,8 %, com uma média ponderada de 47,24± 7,22, 34,43± 1,34 e 22,63± 4,30%, respetivamente, nas áreas cultivadas com cereais. Enquanto que na área hortícola o teor de areia, silte e argila variou entre 32,5 e 71, 21,9 e 45,7 e 7,1 e 21,8%, com uma média ponderada de 55,71±4,55,

31,02±2,32 e 13,27±2,23, respetivamente. Do mesmo modo, nas utilizações em floresta aberta, a percentagem de areia, silte e argila variou entre 47,3 e 56,8, 18,6 e 34,7 e 18 e 24,4%, com um valor médio ponderado de 52,12±1,40, 27,3±0,01 e 20,77±1,10%, respetivamente.

Os dados do apêndice IV revelaram ainda que os solos superficiais dos perfis individuais continham uma menor quantidade de argila quando comparados com o teor de argila dos solos subsuperficiais das zonas cultivadas e hortícolas. No entanto, a percentagem de argila dos solos superficiais da zona florestal aberta era superior à dos solos subsuperficiais. Este facto pode ser explicado pelo facto de os solos cultivados estarem sujeitos à erosão pelo vento ou pela água, enquanto os solos florestais estão relativamente protegidos devido à vegetação e à disponibilidade de MO.

Da mesma forma, Jaiyeoba (2003) indicou que os teores de argila das profundidades mais profundas aumentam com o aumento do ano de cultivo devido ao aumento da translocação de argila do horizonte superficial ou à remoção de argila da superfície por escoamento e/ou vento. O aumento do teor de argila com a profundidade nos perfis de terras cultivadas também foi registado por Gabhane et al. (2006). A distribuição irregular da fração principalmente grosseira (areia e silte) ao longo da profundidade em todos os perfis indica possivelmente a presença de descontinuidades litológicas nas áreas de estudo. Os resultados estão em conformidade com as conclusões de Kaistha *et al.* (1993), que também registaram uma distribuição irregular de silte e argila em perfis da região noroeste dos Himalaias. Malgwi *et al.*, (2000) referiram que a triagem dos materiais do solo por actividades biológicas, a migração de argila ou a erosão superficial por escoamento ou a combinação destes processos pedológicos evidenciam a fração de areia na área. Neste estudo, houve relativamente menos diferenças na distribuição do tamanho das partículas entre as camadas subsuperficiais dos solos sob diferentes tipos de utilização da terra, porque estas profundidades são relativamente pouco afectadas por alterações na gestão da terra. Os resultados estão de acordo com os relatados por Sanchez *et al.*, (1985) e estes também apoiam a suposição de que as condições do solo antes das mudanças na gestão da terra eram mais ou menos semelhantes.

4.4.2 Densidade aparente e das partículas

A densidade aparente dos solos da área em estudo, independentemente da utilização do solo e da profundidade, variou entre um mínimo de 1,33 e um máximo de 1,71 g cm^{-3} com uma média ponderada de 1,56±0,03 g cm^{-3} (apêndice IV). Os valores mínimos foram registados em terrenos florestais abertos, enquanto os valores máximos foram registados em solos cultivados com cereais e a média ponderada mínima (1,56±0,03 g cm^{-3}) foi obtida em terrenos florestais abertos, enquanto o valor médio ponderado máximo (1,58±0,12 g cm^{-3}) foi registado em terrenos cultivados com cereais (quadro 4.3). Isto indica que a densidade aparente aumentou com o cultivo. Um resultado semelhante de maior densidade aparente em terras cultivadas do que em áreas florestais também foi relatado por Woldeamlak e Stroosnijder (2003). O valor sob o uso de cereais cultivados, horticultura e floresta aberta estava na faixa de 1,41 a 1,71, 1,36 a 1,65 e 1,33 a 1,69 g cm^{-3}, respetivamente.

A densidade aparente para os solos de cultivo de cereais foi de 1,41 a 1,71 g cm^{-3} com a média ponderada de 1,58±0,12 g cm^{-3} (apêndice IV). Dos três perfis, em dois deles a densidade aparente mostrou uma tendência crescente com o aumento da profundidade. De acordo com Hazelton e Murphy (2007), a escala geral da densidade aparente, <1,0, 1-1,3, 1,3- 1,6, 1,6- 1,9 e >1,9 g cm^{-3} foi classificada como muito baixa, baixa, moderada, alta e muito alta, respetivamente. Também se observou que cerca de 53,85% dos solos cultivados com cereais tinham uma densidade aparente moderada e 46,15% dos solos tinham densidades aparentes mais elevadas.

Na utilização do solo com base na horticultura, a densidade aparente variou entre 1,36 e 1,65 g cm-3 com o valor médio ponderado de 1,57±0,01 g cm-3. Nesta utilização do solo, a densidade aparente mostrou uma tendência crescente da superfície para a sub-superfície em todos os perfis expostos. Neste sistema de utilização do solo, cerca de 71,43% e 28,57% das amostras encontravam-se sob classificações moderadas e elevadas de densidade aparente, respetivamente. Em comparação com as utilizações cerealíferas, o valor médio mais baixo da densidade aparente do solo nas utilizações hortícolas pode dever-se à adição relativa de matéria orgânica nas zonas hortícolas. Além disso, a distribuição não perturbada dos poros pode ter resultado num maior volume de solo e, consequentemente, numa menor densidade aparente.

A densidade aparente para as utilizações em floresta aberta variou entre 1,33 e 1,69 g cm-3 e os valores médios ponderados correspondentes foram 1,52±0,01 g cm^{-3}. Nesta utilização do solo, a densidade aparente aumentou das camadas superficiais para as sub-superficiais. Em comparação com as outras duas utilizações do solo, a razão para a densidade aparente do solo mais baixa na floresta aberta, bem como na profundidade do solo subsuperficial, pode dever-se à quantidade apreciável de argila e à menor perturbação do solo nas utilizações florestais, ao contrário das outras utilizações do solo. Os intervalos de valores de densidade aparente observados neste estudo estão dentro dos intervalos esperados na maioria dos solos minerais, como indicado por Hillel (1980). Além disso, neste sistema de utilização do solo, cerca de 71,43% e 28,57% das amostras foram encontradas em classificações moderadas e elevadas de densidade aparente, respetivamente. Em geral, a densidade aparente da área de estudo aumentou com o aumento da profundidade. Resultados semelhantes foram relatados por Islam e Weil (2000) que, ao longo dos anos, as práticas de lavoura contínua resultaram num aumento da densidade aparente de 1,22g cm^{-3} para 1,38g cm^{-3} num ecossistema de floresta tropical do Bangladesh. A densidade de partículas sub-superficiais da área em estudo variou de um mínimo de 2,28 g cm^{-3} a um valor máximo de 2,65g cm^{-3} (Tabela 4.3). Tanto o valor mínimo de 2,28 g $cm^{(-3)}$como o valor máximo de 2,69 g cm^{-3} foram obtidos em solos cultivados com cereais, respetivamente. Valores de densidade de partículas de 2,28 a 2,65, 2,48 a 2,70 e 2,35 a 2,50 g cm^{-3} com uma média ponderada de 2,47± 0,10, 2,59±0,06 e 2,44±0,02 g cm^{-3}, em solos cultivados com cereais, hortícolas e florestais abertos, respetivamente. Um estudo mais aprofundado da tabela 4.3 revelou que, ao comparar os três sistemas de utilização dos solos, a densidade de partículas mais elevada, com um valor médio ponderado de 2,59±0,28 g cm^{-3}, foi obtida nas utilizações dos solos hortícolas. Enquanto que a densidade de partículas mais baixa, com um valor médio de 2,44±0,02 g cm^{-3}, foi observada em áreas florestais abertas.

4.4.3. Porosidade total

Os dados relativos às percentagens médias de porosidade total da superfície dos usos cerealíferos, hortícolas e florestais abertos foram de 36,19±1,70, 39,30±2,17 e 38,00±0,28 %, respetivamente (Quadro 4.3). O valor médio percentual máximo de porosidade total nas áreas de uso do solo hortícolas, seguido dos usos florestais abertos, pode dever-se à presença de uma grande quantidade de partículas de textura fina e ao teor de matéria orgânica em comparação com os usos do solo cultivados. Os valores da porosidade total das utilizações cerealíferas, hortícolas e florestais abertas variaram entre 30 e 41,37, 35,3 e 45,17 e 30 e 44,56% com valores médios ponderados correspondentes de 36,19± 1,70, 39,30±2,17 e 38±0,28%, respetivamente. Numericamente, a percentagem mais elevada de porosidade total (45,17%) foi obtida em solos hortícolas e o valor mais baixo (30%) de percentagem de porosidade total foi obtido em solos cultivados com cereais (anexo IV). Na área de estudo, a porosidade também se alterou devido à variação das utilizações do solo. As utilizações de terrenos florestais abertos e hortícolas apresentaram uma densidade aparente média mais baixa do que os solos cultivados. No entanto, a quantidade de porosidade total nas terras cultivadas diminuiu devido à lavoura que provocou a compactação. Estes resultados são comparáveis com as conclusões de Islam e Weil (2000) que referiram que a percentagem mais elevada de porosidade total se encontrava em zonas de mato.

Quadro 4.3 Gama e valores médios ponderados das propriedades físicas do solo do perfil

Profile/Site/ block	BD, g/cm³	PD, g/cm³	TP, %	Sand, %	Silt,%	Clay,%
			Unclassified soils			
Range	1.33-1.71	2.28-2.70	30-45.17	24.2-71	18.6-45.7	1.9-36.8
Weighted Mean	1.56±0.03	2.5±0.08	37.83±1.56	51.69±4.25	30.91±3.56	18.89±4.95
			Cereal Cultivated			
P_1/ HAC/A	1.41-1.48 *(1.44)*	2.28-2.45 *(2.35)*	38.15-38.21 *(37.00)*	46.3-65 *(48.93)*	23.7-34.8 *(33.42)*	16-20.3 *(17.66)*
P_3/HAC/C	1.53-1.71 *(1.67)*	2.47-2.61 *(2.54)*	33.33-41.37 *(37.35)*	35-65 *(53.48)*	25-42.6 *(35.96)*	10-29.9 *(25.27)*
P8/ BASHERI/I	1.60-1.66 *(1.63)*	2.39-2.65 *(2.52)*	30-38 *(34.23)*	24.2-61.7 *(39.32)*	27.4-39 *(33.93)*	1.9-36.8 *(24.96)*
Weighted average	1.58±0.12	2.47±0.10	36.19±1.70	47.24±7.22	34.43±1.34	22.63±4.30
			Horticultural			
P_4/ HAC/D	1.54-1.60 *(1.56)*	2.58-2.70 *(2.63)*	40.31-41.22 *(40.83)*	46.7-56.4 *(52.49)*	29.6-35.5 *(32.66)*	12-18.7 *(14.84)*
P_5/ HAC/E	1.36-1.65 *(1.58)*	2.48-2.55 *(2.54)*	35.3-45.17 *(37.76)*	32.5-71 *(58.93)*	21.9-45.7 *(29.38)*	7.1-21.8 *(11.69)*
Weighted average	1.57±0.01	2.59±0.06	39.30±2.17	55.71±4.55	31.02±2.32	13.27±2.23
			Open woodland			
P_6/ HAC/F	1.35-1.69 *(1.53)*	2.35-2.50 *(2.45)*	32.4-43.52 *(38.20)*	47.3-57 *(53.11)*	18.6-34.7 *(27.33)*	18-24.4 *(19.99)*
P_7/ HAC/G	1.33-1.69 *(1.51)*	2.40-2.50 *(2.42)*	33-44.56 *(37.80)*	50.5-52.2 *(51.13)*	24.5-28.4 *(27.32)*	20.9-23.3 *(21.55)*
Weighted average	1.52±0.01	2.44±0.02	38±0.28	52.12±1.40	27.3±0.01	20.77±1.10

*Os dados indicados entre parêntesis são os valores médios ponderados de cada perfil.

*Solos não classificados: refere-se a valores independentemente das utilizações do solo

4.5 Propriedades químicas do solo Perfis

4.5.1 Reação do solo (pH) e Condutividade eléctrica (CE)

Os dados sobre a reação do solo (pH) nas utilizações cerealíferas, hortícolas e florestais abertas, apresentados no anexo VI, revelaram que a maioria dos solos tinha uma reação neutra a fortemente alcalina. Nos solos superficiais dos perfis, o pH variava entre 7,23 e 8,07, independentemente das utilizações do solo. O pH (1:5), independentemente da profundidade do solo nas três utilizações do solo, variou entre 7,23 e 8,7, 7,91 e 8,38 e 7,31 e 8,09 para os solos cultivados com cereais, hortícolas e florestais abertos, respetivamente. O valor médio ponderado mais elevado, de 8,49±0,57, foi encontrado em solos cultivados com cereais e o mais baixo, de 7,8±0,18, em solos florestais abertos (Quadro 4.4). Não se registou uma tendência específica nos valores de pH em diferentes profundidades do solo. Verificou-se que os valores aumentavam com a profundidade em alguns dos perfis, possivelmente devido a variações nos valores de pH entre as camadas do solo, o que pode ser atribuído a muitos factores, como o aumento dos teores solúveis de Na^{+} , Ca^{++} , Mg^{++} e argila. Os catiões mais comuns nas zonas áridas e semi-áridas são o cálcio, o magnésio e o sódio. Cada um destes catiões é formador de bases, o que significa que contribuem para um aumento da concentração de OH^{-} na solução do solo e tendem a diminuir a concentração de H^{+} (Elbordiny e Dewiny, 2008). Uma distribuição irregular semelhante dos valores de pH com o aumento da profundidade do perfil também foi registada por Walia e Rao (1996). Um ligeiro aumento do pH do solo com a profundidade, devido à acumulação de catiões básicos em terras cultivadas, também foi relatado por Kizilkaya e Dengiz (2010). Além disso, foi relatado por Gabhane *et al.* (2006) que a reação neutra a moderadamente alcalina do solo foi observada com o aumento do pH dos solos com o aumento da profundidade. A análise química do perfil do solo mostrou que a gama de pH do solo se estende de neutro a fortemente alcalino em reação. Isto indicou que, com exceção do fósforo, todos os valores de pH obtidos nas três diferentes utilizações do solo se encontravam num nível aceitável, o que pode apoiar a solubilidade e a disponibilidade de elementos essenciais para o crescimento das plantas. A camada inferior extrema no perfil cultivado com cereais (P1) apresentou um valor de pH de 8,73, que está contra o limite da gama de disponibilidade de fósforo (apêndice VI). De acordo com Bruce e Rayment (1982), um guia geral para a disponibilidade e solubilidade de elementos, o valor do pH no qual a disponibilidade de fósforo é reduzida varia entre pH<5,0 e entre 8,5-9,5.

Nas utilizações de terras cultivadas com cereais, 7,69%, 30,76%, 53,84% e 7,69% das amostras foram consideradas neutras, ligeiramente alcalinas, moderadamente alcalinas e fortemente alcalinas, respetivamente. Ao passo que todas as amostras de solos hortícolas e de floresta aberta se encontravam numa gama moderadamente alcalina (fig. 4.6).

Os valores da condutividade eléctrica em todas as utilizações da terra, independentemente da profundidade do solo, variaram entre 0,03-1,06 dS/m, com valores médios ponderados de 0,35±0,05 dS/m. Numericamente, o valor mais elevado (1,06 dS/m) e o mais baixo (0,03 dS/m) foram encontrados nas utilizações de cereais cultivados e de floresta aberta, respetivamente. Os valores de CE das utilizações cerealíferas, hortícolas e florestais abertas variaram entre 0,03-1,01, 0,13-0,69 e 0,06-1,06 dS/m, com médias ponderadas de 0,30±0,21, 0,34±0,18 e 0,40±0,38 dS/m, respetivamente.

Embora em alguns perfis os valores de CE tenham mostrado uma tendência crescente com o aumento da profundidade do perfil, mas em geral o valor de CE mostrou uma variação com a profundidade, os dados no apêndice VI mostraram que não foi observada nenhuma tendência específica de aumento ou diminuição dos valores de CE com a profundidade do perfil. O resultado desta experiência está de acordo com os resultados relatados por Verma *et al.,* (2005). O resultado da análise laboratorial dos valores de CE em todos os tipos de utilização do solo mostrou que os efeitos da salinidade eram, na sua maioria, negligenciáveis, sendo inferiores a 2 dS/m, como proposto por Richards (1954).

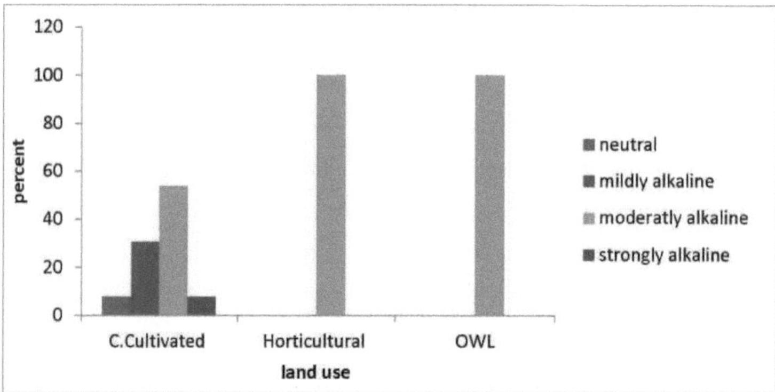

Fig: 4.6 Distribuição da gama de pH no perfil do solo sob diferentes usos do solo.

4.5.2 Capacidade de permuta catiónica (CEC)

O teor de CEC dos solos dos perfis expostos a diferentes utilizações do solo foi calculado e apresentado no (apêndice VI). Os valores de CEC variaram de 21,4 cmol (+)/kg a 95,3 cmol (+)/kg de solo com um valor médio ponderado de 39,69±9,47 cmol (+)/kg. Os valores mínimo e máximo de CEC foram encontrados em terras cultivadas com cereais em HAC, com um valor médio ponderado correspondente de 50,40±11,11 cmol (+)/kg.

A CEC para as utilizações hortícolas do solo variou de 22,9 a 47,9 cmol (+)/kg, com valores médios ponderados de 32,55±1,63 cmol (+)/kg. Na área de floresta aberta, a CEC variou entre 23,5 e 58,7 cmol (+)/kg de solo, com um valor médio ponderado correspondente de 35,95±7,42 cmol (+)/kg. Exceto em dois perfis (P3 e P7) que mostraram uma diminuição do teor de CEC imediatamente abaixo da superfície do solo, nos restantes perfis o teor de CEC mostrou um aumento imediato na camada próxima da superfície do solo. O valor médio da utilização do solo para cereais registou o valor máximo de CEC, seguido das utilizações do solo para floresta aberta e horticultura, respetivamente.

Em geral, a CEC nas terras hortícolas e cultivadas aumentou da camada sobrejacente para a camada subjacente do solo. De um modo geral, este facto pode ser atribuído ao aumento dos teores de argila e OM em profundidade, em comparação com a floresta aberta. Em geral, o teor de CEC na camada sub-superficial foi superior ao das camadas superficiais em todos os perfis expostos. Resultados semelhantes foram também registados por Jobbagy e Jackson (2001). De acordo com a classificação de Metson (1961) da capacidade de troca catiónica, os valores de CEC < 6, 6-12, 12-25, 25-40, >40 foram classificados como muito baixos, baixos, moderados, altos e muito altos, respetivamente. O teor de CEC das amostras do perfil em estudo varia de moderado a muito elevado. Nos solos cultivados com cereais, o teor de CEC foi encontrado em 23,07%, 38,46% e 38,46% nas gamas moderada, alta e muito alta, respetivamente. Em solos hortícolas, 14,28%, 71,42% e 14,28% das amostras encontravam-se nas gamas moderada, alta e muito alta, respetivamente. Do mesmo modo, em solos florestais abertos, 28,57, 57,14 e 14,28% das amostras encontravam-se nas gamas moderada, alta e muito alta, respetivamente (Fig. 4.7).

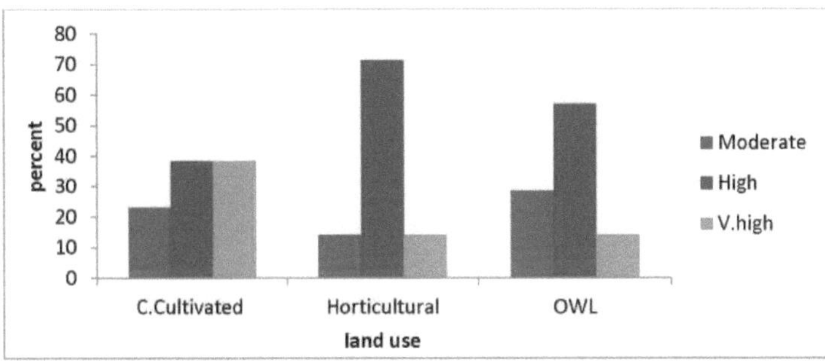

Fig: 4.7 Gama de distribuição de CEC no solo do perfil exposto a diferentes utilizações do solo.

4.5.3 Matéria orgânica do solo (MOS)

A leitura dos dados do quadro 4.4 revelou que, considerando todas as utilizações do solo, a percentagem de matéria orgânica nos perfis do solo variou entre 0,08 e 1,39%, com uma média ponderada de 0,45±0,04%, independentemente da profundidade do solo. A percentagem do teor de matéria orgânica nos solos utilizados para a horticultura de cereais e para a floresta aberta variou de 0,08 a 1,39, 0,11 a 1,42 e 0,13 a 1,29%, com uma média ponderada de 0,4±0,17, 0,47±0,01 e 0,48±0,01% (quadro 4.4). O teor de matéria orgânica nos solos florestais abertos era mais elevado do que nos solos hortícolas e cerealíferos e a matéria orgânica (MO) relativamente mais elevada registada nos solos florestais abertos não era invulgar, uma vez que diferentes espécies de plantas constituíam folhada que era decomposta para aumentar o teor de MO. Do mesmo modo, os solos sob floresta aberta tinham uma concentração relativamente elevada de azoto, o que poderia ser um reflexo do teor de MO dos solos.

Um estudo mais aprofundado do apêndice VI mostrou que os perfis do solo na área de floresta aberta apresentaram uma diminuição do teor de MO do solo com o aumento da profundidade, enquanto noutras utilizações do solo o teor de MO não apresentou uma tendência específica com o aumento da profundidade do solo. Kizilkaya e Dengiz (2010) registaram uma tendência de diminuição do teor de MO com a profundidade nos perfis de solo de utilizações florestais. Ao contrário dos solos de floresta aberta, os perfis de solo sob as terras cultivadas com hortícolas e cereais tinham um teor de MO ligeiramente mais elevado nas camadas do subsolo do que nas camadas superficiais. Isto pode dever-se à incorporação de MO do solo da camada superficial para a camada do subsolo, em resultado do efeito de mistura das actividades de lavoura, e à lixiviação devido ao elevado teor de areia. Além disso, a quantidade substancial de materiais orgânicos adicionados a partir da biomassa radicular após a colheita da cultura, tal como observado por Van Noordwijk *et al.* (1997), juntamente com a diminuição da atividade dos microrganismos do solo com o aumento da profundidade do solo, pode explicar o teor mais elevado de MO no subsolo dos campos hortícolas e cerealíferos.

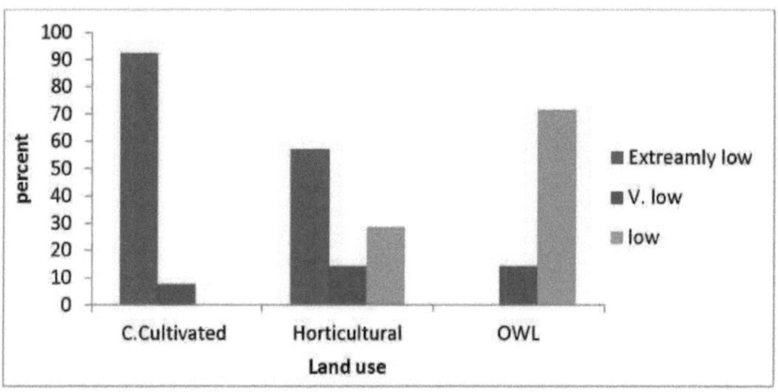

Fig: 4.8 Gama e distribuição do teor de matéria orgânica nos perfis do solo.

De acordo com Charman e Roper (2000), o teor de MO do perfil do solo varia de extremamente baixo a baixo. O teor de MO dos solos cultivados com cereais foi de 92,30 e 7,69%, nas gamas extremamente baixa e baixa, respetivamente. Nas terras hortícolas, os resultados da análise do solo revelaram 57,14, 14,28 e 28,57% de valores extremamente baixos, muito baixos e baixos, respetivamente. Do mesmo modo, nas utilizações florestais abertas, verificou-se que 71,42% e 14,28% das amostras tinham um teor de MO muito baixo (fig. 4.8).

4.5.4 Azoto total (TN)

Os dados da tabela 4.4 mostram que, considerando todos os perfis do solo e independentemente da profundidade do perfil do solo, o teor de azoto total variou entre 0,01 e 0,09%, com uma média ponderada de 0,03±0,01%. O teor mínimo de azoto total (0,01%) do solo foi obtido em áreas cultivadas com cereais, ao passo que o valor máximo (0,09%) foi encontrado em solos de utilização hortícola. Independentemente da profundidade, uma leitura dos dados (apêndice VI) indicou que o teor de azoto total nos solos de cereais, hortícolas e de floresta aberta variava entre 0,01 e 0,06, 0,01 e 0,09 e 0,02 e 0,08%, com valores médios ponderados de 0,03±0,01, 0,03±0,01 e 0,04±0,01%, respetivamente.

O valor mais baixo de azoto total (0,01%) foi encontrado nas terras cultivadas com cereais e nas terras hortícolas, enquanto que o valor mais alto (0,09%) também foi encontrado nas terras hortícolas. Os resultados do estudo com base na análise do solo a várias profundidades revelaram que o azoto total foi sugerido em níveis muito baixos a baixos. De acordo com as classificações de Bruce e Rayment (1982) para o azoto total, todas as amostras foram encontradas em níveis muito baixos a baixos. Também se observou que 84,61% e 15,38% dos solos cultivados com cereais apresentavam um teor muito baixo e baixo de azoto total, respetivamente. No caso dos solos hortícolas, verificou-se que 57,14% e 42,85% das amostras apresentavam valores muito baixos e baixos, respetivamente. Do mesmo modo, nos solos florestais abertos, 42,85% e 57,14% das amostras apresentaram taxas muito baixas e baixas, respetivamente (fig. 4.9). Os resultados indicam que o nível de azoto se encontra no nível mais baixo, o que significa que pode limitar o rendimento das culturas na zona. Este risco pode estar associado a uma gestão inadequada do recurso no âmbito da agricultura de subsistência e à natureza volátil inerente do elemento nos solos tropicais. O padrão de distribuição do azoto total entre os usos do solo foi semelhante ao da matéria orgânica do solo, uma vez que o teor de matéria orgânica do solo era um bom indicador do estado do azoto disponível no solo. O cultivo intensivo e contínuo agravou a oxidação do carbono orgânico do solo, resultando na redução do azoto total. Isto indica que o azoto disponível diminui com o cultivo. É bem sabido que o cultivo leva a uma rápida decomposição da matéria orgânica do solo e, por conseguinte, a uma diminuição do teor de azoto dos solos. O esgotamento dos nutrientes disponíveis pode também ocorrer devido a uma maior remoção de nutrientes pelos produtos colhidos, em comparação com a sua adição. Entre os três sistemas de utilização dos solos, as utilizações florestais abertas registaram o valor médio mais elevado de azoto total do solo, seguidas das utilizações hortícolas e cerealíferas em conjunto. Pode concluir-se que, em geral, o teor de azoto total da zona de estudo era baixo. Kumar et al. (2006) apresentaram resultados semelhantes, ou seja, baixo teor de azoto disponível em diferentes utilizações do solo na zona temperada seca de Himachal Pradesh.

Embora o teor de azoto total em todos os perfis em estudo fosse muito baixo ou baixo, na maioria dos perfis os solos superficiais apresentavam um teor de azoto comparativamente mais elevado do que os solos subsuperficiais e alguns perfis de solos cultivados com cereais de HAC e solos hortícolas apresentavam mais azoto total, o que pode dever-se à adição de matéria orgânica e à aplicação frequente de fertilizantes azotados. Os valores de azoto total na maioria dos perfis diminuíram com o aumento da profundidade do perfil. Estes resultados coincidem com as conclusões de Dhale e Prasad (2009), que também registaram um teor de azoto mais elevado à superfície e uma tendência decrescente com a profundidade. O teor de azoto total de alguns dos perfis nas terras cultivadas com cereais de HAC e BWA (P3, P8), respetivamente, e nos campos hortícolas (P5) mostrou um aumento do azoto total imediatamente abaixo da superfície do solo. Ao passo que nos perfis de (P4) utilização hortícola e de floresta aberta (P6, P7) os valores de azoto total diminuem à medida que a profundidade do solo aumenta. O restante perfil (P1) de cultivo de cereais não apresentou qualquer tendência específica com o aumento da profundidade.

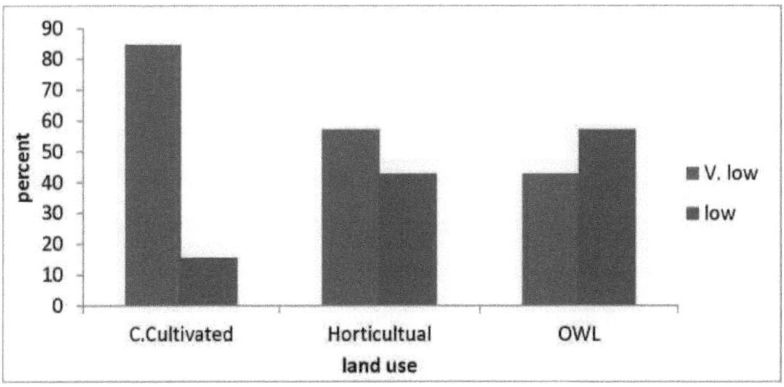

Fig: 4.9 Gama e distribuição do azoto total nos perfis do solo sob diferentes utilizações do solo.

A baixa entrada de carbono da cultura agrícola do sistema de agricultura de subsistência não podia compensar a grande mineralização da matéria orgânica nos campos agrícolas e as perdas de azoto. Este fenómeno na área de estudo, especialmente em BWA, acabou por resultar num declínio progressivo do azoto total do solo, juntamente com a desflorestação e o cultivo contínuo, tornando as terras inférteis e a produção agrícola insustentável. Na área de estudo, a fração da matéria orgânica do solo atribuída à origem das culturas foi principalmente a contribuída pelas raízes das culturas. Isto pode implicar que a gestão dos resíduos de culturas no sistema agrícola pode potencialmente aumentar a contribuição da matéria orgânica do solo proveniente do sistema de culturas, o que pode ajudar a reduzir o declínio progressivo do N total nos solos. Em geral, uma vez que a matéria orgânica é o principal fornecedor de N, S e P do solo em sistemas agrícolas com poucos factores de produção, um declínio contínuo do teor de matéria orgânica dos solos poderia afetar a sua produtividade e sustentabilidade.

4.5.5 Fósforo disponível

A análise do quadro 4.4 revelou que, independentemente da profundidade do solo, o fósforo disponível nos solos dos perfis expostos em todas as utilizações do solo na área de estudo variou entre 1,01 e 5,02 ppm, com um valor médio ponderado de 1,57±0,23 ppm. O teor de fósforo disponível variou de 1,01 a 3,06, 1,02 a 5,02 e 1,01 a 2,04 ppm para as utilizações cerealíferas, hortícolas e florestais abertas, com médias ponderadas de 1,33±0,19, 1,79±0,69 e 1,59±0,49 ppm, respetivamente (anexo VI). O teor mais elevado de P nos horizontes superficiais dos solos cultivados pode dever-se ao confinamento das culturas a esta camada e à suplementação do fósforo empobrecido através de fertilizantes fosfatados adicionais. Resultados semelhantes foram também registados por Sood *et al.* (1991). Em geral, o teor de fósforo disponível diminuiu com a profundidade em alguns dos perfis. O pH do solo tem uma profunda influência na quantidade e na forma como o fósforo solúvel é fixado. Os baixos teores de P disponível observados no solo da área de estudo podem dever-se à fixação e à perda substancial através da colheita das culturas. Os resultados da área de estudo estão de acordo com os resultados relatados por muitos autores (Murphy, 1968; Eylachew, 1987) que a disponibilidade de P na maioria dos solos da Etiópia diminui devido aos impactos da fixação, colheita abundante e erosão.

De acordo com as classificações dadas por Clements e McGowen (1994), independentemente das utilizações do solo, todas as amostras foram classificadas como baixas. A análise da amostra de solo mostrou que todos os perfis de amostras de solo cultivadas com cereais, hortícolas e de floresta aberta apresentavam uma gama baixa de fósforo disponível. A distribuição do fósforo disponível nos perfis de cultivo de cereais (P1, P3) e de horticultura (P4) mostrou uma tendência para diminuir com a profundidade ao longo do perfil. Enquanto que o fósforo disponível nos restantes perfis não mostrou uma tendência específica de distribuição (apêndice VI). A diminuição gradual do P disponível com a profundidade pode ser atribuída ao aumento da capacidade de fixação de P devido a um aumento dos óxidos livres, da argila, dos catiões permutáveis e à diminuição do teor de carbono orgânico com a profundidade (Sparks, 1995).

4.5.6 Catiões básicos permutáveis

O valor do teor de cálcio, magnésio, potássio e sódio permutáveis nos perfis do solo da área de estudo em todas as utilizações do solo foi apresentado no (apêndice VI). Considerando todos os usos do solo em conjunto, o valor de cálcio permutável (Ca^{++}), magnésio (Mg^{++}), potássio (K^{+}) e sódio (Na^{+}) varia de 16 a 78, 4 a 30, 0,09 a 0.26 e 0,11 a 3,67 cmol (+)/kg de solo, com uma média ponderada de

29,02±6,18, 8,41±3,18, 0,14±0,02 e 1,09±0,15 cmol (+)/kg de solo, independentemente da profundidade do solo, respetivamente. Uma análise mais aprofundada dos dados no quadro 4.4 mostrou que o teor de Ca^{++} no perfil do solo das utilizações cerealíferas, hortícolas e florestais abertas variou entre 16 e 78, 16 e 36 e 17 e 44 cmol(+)/kg de solo, com um valor médio ponderado de 36,08±8,43, 24,53±1,17 e 26,47±4,13 cmol (+)/kg, respetivamente. Comparando os três usos do solo, o teor mais elevado de Ca^{++} (78 cmol (+)/kg de solo) foi observado no uso do solo cultivado com cereais em HAC e o mais baixo (16 cmol (+)/kg) foi encontrado nos usos do solo cultivado com cereais e hortícola de HAC. O teor de cálcio permutável nos perfis do solo variava de elevado a muito elevado. Nos solos cultivados com cereais, 23,07% e 76,92% das amostras encontravam-se numa gama alta e muito alta, respetivamente. Nos solos hortícolas, 14,28% e 85,71% das amostras apresentavam um teor elevado e muito elevado, respetivamente, tal como nos solos florestais abertos, 28,57% e 71,42% apresentavam um teor elevado e muito elevado, respetivamente (fig. 4.10). O Ca trocável^{++} aumentou com o aumento da profundidade do solo, exceto em três pedons de (P3) solos cultivados com cereais, (P5) solos hortícolas e (P7) solos florestais abertos, respetivamente, onde não seguiu qualquer padrão de distribuição com a profundidade do solo (apêndice VI).

A análise do quadro 4.4 mostra que o teor de magnésio permutável (Mg^{++}) nas zonas cerealíferas, hortícolas e de floresta aberta varia entre 4 e 30, 5 e 9 e 5 e 11 cmol(+)/kg de solo, com um valor médio ponderado de 11,99±5,82, 5,89±0,41 e 7,35±0,78 cmol(+)/kg de solo, respetivamente. $^{++}$O teor mais elevado (30 cmol (+)/kg) e mais baixo (4 cmol (+)/kg) de Mg permutável foi encontrado em solos cultivados com cereais de Basheri e HAC, respetivamente.

Em geral, o Mg permutável^{++} aumentou com o aumento da profundidade do solo, exceto no perfil hortícola (P5), onde o valor do Mg permutável^{++} diminuiu com o aumento da profundidade. O teor de Mg permutável^{++} nas amostras de solo do perfil foi considerado elevado a muito elevado. Mg permutável

O teor de Mg^{++} foi considerado 61,53% elevado e 38,46% muito elevado em solos cultivados com cereais. Nos solos hortícolas, verificou-se que 85,71% e 14,28% das amostras de solo apresentavam teores elevados e muito elevados, respetivamente. Nos solos florestais abertos, observou-se que 14,28% e 85,71% eram altos e muito altos, respetivamente (fig. 4.11).

O teor de potássio permutável (K^{+}) foi o mais elevado (0,26 cmol (+)/kg) na utilização em floresta aberta e o mais baixo (0,08 cmol (+)/kg) na área de utilização hortícola. Os valores de K trocável^{+} para as utilizações de cereais, horticultura e floresta aberta variaram entre 0,10 e 0,21, 0,08 e 0,25 e 0,09 e 0,26 cmol (+)/kg de solo, com valores médios ponderados de 0,12±0,10, 0,14±0,03 e 0,16 ± 0,06 cmol (+)/kg de solo, respetivamente.

A distribuição em profundidade nos perfis do solo do K permutável$^+$ não seguiu qualquer padrão de aumento ou diminuição com o aumento da profundidade do solo. No entanto, o K permutável$^+$ aumentou no perfil cultivado com cereais (P8) e diminuiu no perfil de floresta aberta (P7) com o aumento da profundidade do solo. As gamas de valores médios de K^+ permutável observadas neste estudo mostram que o K^+ se encontra abaixo dos níveis críticos (0,38 cmol (+)/kg) para a produção da maioria das plantas cultivadas, tal como referido por Barber (1984). Em geral, o teor de potássio permutável da amostra do perfil do solo mostrou o mesmo teor de K^+ permutável que o mostrado nas amostras de solo à superfície e variou de muito baixo a baixo. De acordo com Metson (1961), os níveis de K trocável$^+$ variaram de 0-0,2, 0,2-0,3, 0,3-0,7, 0,7-2,0 e >2 cmol (+)/kg, classificados como muito baixos, baixos, moderados, altos e muito altos, respetivamente. De acordo com a classificação, o teor de K permutável nos solos do presente estudo mostrou que 76,92% e 23,07% das amostras de solo cultivadas com cereais se encontravam nas gamas muito baixa e baixa, respetivamente. Enquanto que nas áreas hortícolas se verificou que 71,42% e 28,57% das amostras de solo se encontravam nas gamas muito baixa e baixa, respetivamente. Nas zonas florestais abertas, o K permutável foi encontrado em 85,71% e 28,56% das amostras de solo, respetivamente muito baixo e baixo (fig. 4.12).

Os dados do quadro 4.4 mostram que o sódio permutável (Na^+) nas utilizações cerealíferas, hortícolas e florestais abertas variou entre 0,11 e 3,87, 0,54 e 1,96 e 0,18 e 2,56 cmol(+)/kg de solo, com um valor médio ponderado de 1,25±0,88, 1,06±0,11 e 0,96±0,71cmol(+)/kg, respetivamente. O teor mais elevado (3,87 cmol (+)/kg) de Na permutável$^+$ foi encontrado no sistema de utilização do solo baseado na horticultura. Enquanto o teor mais baixo (0,11 cmol (+)/kg) de Na permutável$^+$ foi obtido em terras cultivadas com cereais na BWA. No entanto, o valor médio ponderado mais elevado foi encontrado na utilização de terras cultivadas com cereais, seguido das utilizações hortícolas e de florestas abertas. O estudo dos dados relativos à distribuição vertical do Na^+ permutável indicou que o seu teor aumentou com o aumento da profundidade do solo, exceto em três pedons de (P3) cultivo de cereais, (P5) horticultura e (P7) floresta aberta, onde não seguiu qualquer padrão de distribuição com a profundidade do solo. O teor de Na permutável$^+$ mostrou um aumento sucessivo com o aumento da profundidade do solo. O aumento do teor de Na permutável$^+$ com a profundidade também foi registado por Belachew e Yifru (2010). Este facto pode ser considerado uma oportunidade, uma vez que a concentração de Na^+ não é recomendável a um nível elevado, pois deteriora a estrutura do solo e torna-o suscetível à erosão e desprovido de organismos benéficos.

O Na permutável$^+$, independentemente das utilizações do solo, varia entre muito baixo e muito elevado. O teor de Na permutável$^+$ em amostras de solo de terras cultivadas com cereais mostrou que 30,76%, 23,07% e 30,76% das amostras eram das categorias baixa, moderada e alta, respetivamente.

Já na área hortícola, 28,57% tinham um teor de Na^{+} muito baixo e 71,42% baixo. Na floresta aberta, verificou-se que 42,85% das amostras de solo eram baixas, 28,57% eram moderadas e 28,56% eram altas no que respeita ao teor de Na^{+} dos solos (fig. 4.13). Em geral, o resultado de um nível elevado a muito elevado de cálcio e magnésio na área de estudo indicou que o complexo de troca dos solos é dominado por Ca^{++} seguido de Mg^{++}, K^{+} e Na^{+}. Estes resultados estão de acordo com as conclusões de Tuma (2007) sobre solos fluviais na zona de Gamo Gofa, Etiópia, que referiu que o Ca seguido do Mg, K e Na no local de troca dos solos era favorável à produção de culturas.

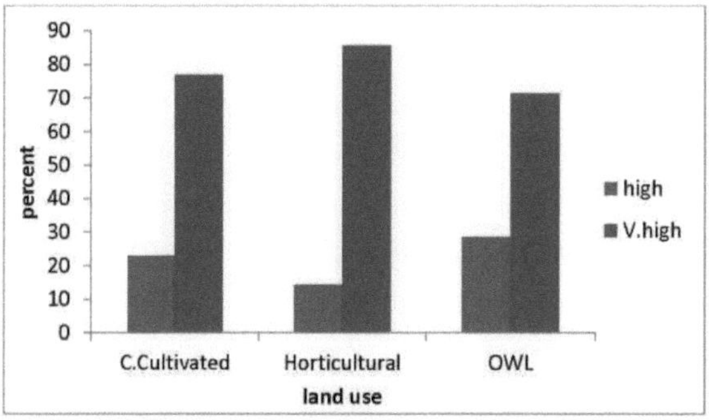

Fig: 4.10 Gama e distribuição do teor de Ca^{++}

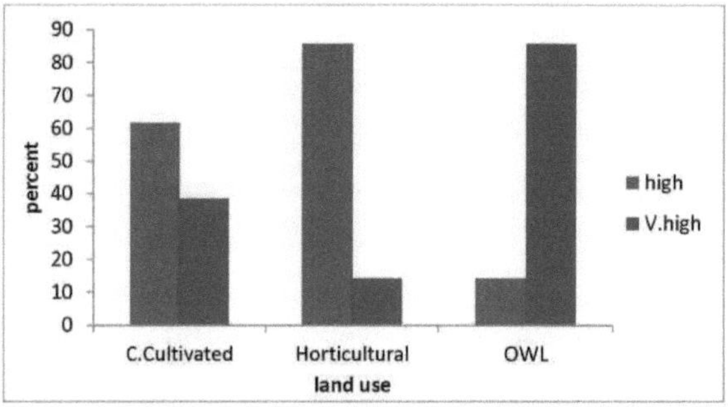

Fig: 4.11 Gama e distribuição do teor de Mg^{++}

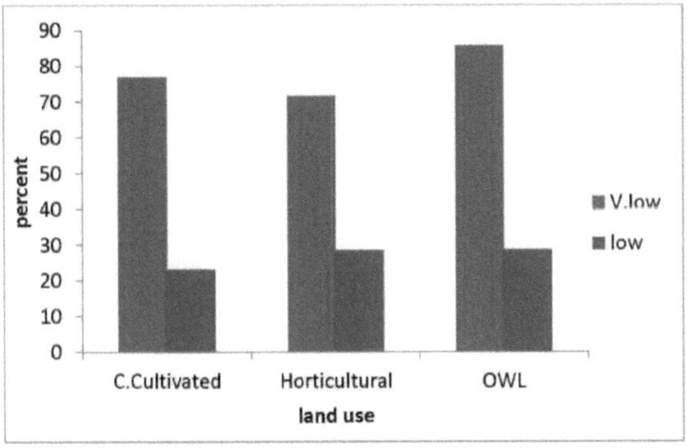

Fig: 4.12 Gama e distribuição do teor de K^+

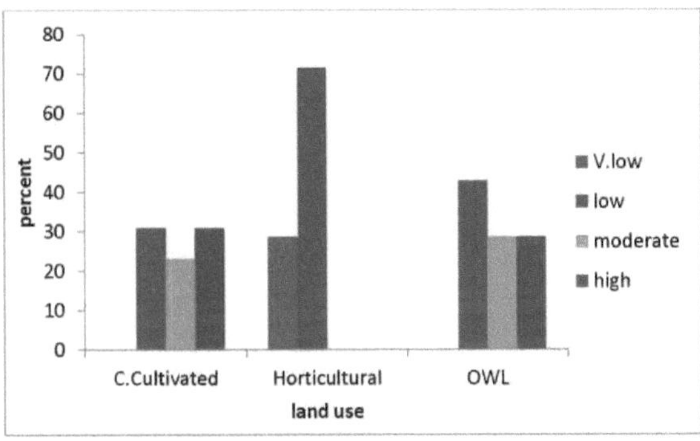

Fig: 4.13 Gama e distribuição do teor de Na^+

Tabela 4.4 Gama e valores médios ponderados das propriedades químicas do solo de perfis sob diferentes utilizações do solo.

Profile/ Site/ block	pH (1:5)	EC (1:5)	OM	TN	P	K	Na	Ca	Mg	CEC
		dS/m	%	%	ppm	cmol (+)/kg				
Unclassified soils										
Range	7.23-8.73	0.03-1.06	0.08-1.42	0.01-0.09	1.01-5.02	0.08-0.26	0.11-3.87	16-78	4-30	21.4-95.3
Weighted mean	8.18±0.46	0.35±0.05	0.45±0.04	0.03±0.01	1.57±0.23	0.14±0.02	1.09±0.15	29.02±6.18	8.41±3.18	39.63±9.47
Cereal Cultivated										
P_1/ HAC/ A	7.45- 8.73 *(8.37)*	0.05-0.45 *(0.25)*	0.25-0.38 *(0.30)*	0.01-0.04 *(0.02)*	1.02-2.05 *(1.11)*	0.10-0.13 *(0.11)*	0.27-0.92 *(0.80)*	25-30 *(28.5)*	5-8 *(7.19)*	32.4-40.2 *(37.6)*
P_3 / HAC/ C	7.23-8.39 *(9.12)*	0.06-0.16 *(0.13)*	0.08-1.39 *(0.60)*	0.01-0.06 *(0.03)*	1.02-3.06 *(1.44)*	0.10-0.21 *(0.16)*	0.20-1.11 *(0.60)*	16-78 *(45.16)*	4-15 *(10.32)*	21.4-95.3 *(57.42)*
P_8/ BASHERI/ I	7.57-8.28 *(8.00)*	0.03-1.01 *(0.53)*	0.10-0.44 *(0.30)*	0.02-0.03 *(0.03)*	1.01-2.53 *(1.44)*	0.14-0.21 *(0.19)*	0.11-3.87 *(2.22)*	17-50 *(34.6)*	6-30 *(18.47)*	23.3-85.1 *(56.2)*
Weighted mean	**8.49±0.57**	**0.30±0.21**	**0.4±0.17**	**0.03±0.01**	**1.33±0.19**	**0.12±0.10**	**1.25±0.88**	**36.08±8.43**	**11.99±5.82**	**50.40±11.11**
Horticultural										
P_4/ HAC/ D	8.07-8.38 *(8.20)*	0.13-0.40 *(0.21)*	0.31-0.96 *(0.46)*	0.01-0.05 *(0.02)*	1.02-2.04 *(1.30)*	0.09-0.18 *(0.12)*	0.68-1.96 *(1.13)*	16-36 *(25.36)*	5-9 *(6.18)*	22.9-47.9 *(33.7)*
P_5/ HAC/ E	7.91-8.18 *(8.29)*	0.16-0.69 *(0.46)*	0.11-1.42 *(0.48)*	0.01-0.09 *(0.03)*	1.02-5.02 *(2.28)*	0.08-0.25 *(0.16)*	0.54-1.46 *(0.98)*	22-26 *(23.7)*	5-7 *(5.6)*	28.9-35.7 *(31.4)*
Weighted mean	**8.25±0.06**	**0.34±0.18**	**0.47±0.01**	**0.03±0.01**	**1.79±0.69**	**0.14±0.03**	**1.06±0.11**	**24.53±1.17**	**5.89±0.41**	**32.55±1.63**
Open woodland										
P_6/ HAC/ F	7.48-8.09 *(7.93)*	0.09-1.06 *(0.68)*	0.34-0.54 *(0.42)*	0.03-0.05 *(0.03)*	1.01-2.04 *(1.94)*	0.09-0.19 *(0.13)*	0.28-2.56 *(1.47)*	17-44 *(30.6)*	5-11 *(7.9)*	23.5-58.7 *(41.2)*
P_7/ HAC/ G	7.31-8.01 *(7.67)*	0.05-0.29 *(0.13)*	0.13-1.29 *(0.47)*	0.02-0.08 *(0.04)*	1.01-2.04 *(1.25)*	0.16-0.26 *(0.18)*	0.18-0.64 *(0.46)*	17-28 *(22.34)*	6-7 *(6.8)*	24.4-36.6 *(30.7)*
Weighted mean	**7.8±0.18**	**0.40±0.38**	**0.48±0.01**	**0.04±0.01**	**1.59±0.49**	**0.16±0.06**	**0.96±0.71**	**26.47±4.13**	**7.35±0.78**	**35.95±7.42**

*Os dados indicados entre parêntesis são os valores médios ponderados de cada perfil.

*Solos não classificados: refere-se a valores independentemente da utilização do solo

4.6. Relação entre as propriedades físico-químicas do solo e os principais nutrientes

4.6.1. Amostras de solo à superfície

Os dados da tabela 4.5 revelaram que, quando os solos de superfície foram tomados independentemente da utilização do solo, o teor de TN nos solos tinha uma correlação significativa e positiva elevada ($p<0,01$) com a matéria orgânica (r=0,799**) e a porosidade total dos solos (r=0,885**). Uma correlação positiva significativa entre a matéria orgânica do solo e o teor de azoto do solo também foi relatada por vários investigadores (Verma *et al.*,1980, Ndukwu *et al.,* 2010).O teor de TN do solo de superfície também foi correlacionado significativamente ($p<0,05$) com o teor de argila (r= 0,805*). Estes resultados estão de acordo com as conclusões de Tuma *et al.* (2007), que referiram que o cultivo intensivo e contínuo forçou a oxidação do carbono orgânico do solo, resultando assim na redução do azoto total. No entanto, verificou-se que o teor de azoto total dos solos estava significativamente, mas negativamente, correlacionado ($p<0,01$) com a densidade aparente (r= -0,880**) e a densidade das partículas (r= -0,709**). Resultados semelhantes foram também relatados por (Wagner et al., 1994). O azoto total foi menos positivamente correlacionado (r=0,189) com o pH. Este facto está de acordo com os resultados de Verma *et al* (1980). O teor de fósforo dos solos mostrou uma correlação insignificante com a condutividade eléctrica (r= 0,182), CEC (r= 0,426), areia (r= 0,171), argila (r= 0,016), densidade aparente (r= 0,108), densidade de partículas (r=0,382) e porosidade total (r=0,044). No entanto, o teor de fósforo disponível mostrou uma correlação negativa insignificante com o pH (r= -0,073), OM (r= -0,105) e teor de silte (r= -0,074).

Se os valores de "r" entre o fósforo disponível e as propriedades do solo fossem estudados, estes valores eram muito pequenos em comparação com o azoto. Um estudo mais aprofundado da tabela 4.5 revelou que o teor de potássio do solo, independentemente do uso da terra, mostrou correlação positiva e significativa ($p<0,05$) com OM (r= 0,744*) e porosidade total (r= 0,756*) e mostrou correlação positiva altamente significativa ($p<0,01$) com o teor de argila (r= 0,843**). O resultado está em linha com a observação de Sing et al (2012) que relatou uma correlação significativa e positiva entre o potássio trocável com a matéria orgânica do solo e a fração de argila. Os dados da tabela 4.5 mostraram que o teor de potássio trocável foi negativamente e significativamente correlacionado ($p<0,05$) com a areia (r= -0,665*) e a densidade de partículas (r= -0,693*). No entanto, o teor de potássio trocável apresentou uma correlação significativa altamente negativa com a densidade aparente (r= -0,855**). A leitura do quadro 4.5 mostra que o teor de cálcio, magnésio e sódio permutáveis do solo tem uma correlação menos positiva e negativa com as propriedades do solo, independentemente da utilização do solo.

A areia foi positiva e significativamente correlacionada com a densidade aparente (r = 0,676*) e com a densidade das partículas (r = 0,758*). Por outro lado, o teor de areia teve uma correlação negativa elevada com a MO (r = - 0,871**) e a CE (r = - 0,782**). Além disso, os dados do quadro 4.5 mostram que o teor de areia do solo de superfície está negativamente e significativamente correlacionado com o teor de argila (r= -0,674*). No que respeita ao teor de silte do solo de superfície, não se observou uma correlação significativa, positiva ou negativa, entre o teor de silte de superfície e outras propriedades físico-químicas do solo de superfície. O teor de argila do solo de superfície apresentou uma correlação positiva significativa com a porosidade total (r=0,736**) e o teor de MO (r= 0,735**) do solo de superfície. Os resultados estão de acordo com Burke et al., (1990) que referiram uma relação positiva significativa entre o teor de argila e a matéria orgânica do solo em vastas regiões das planícies da Austrália. A Tabela 4.5 revelou que o teor de argila do solo de superfície tinha uma correlação negativa significativa com a densidade aparente (r= -0,870**), PD (r= -0,840**) e uma correlação negativa significativa com o teor de areia (r= -0,674*).

A densidade de partículas do solo à superfície mostrou uma correlação positiva significativa com a densidade aparente (r=0,798*) e mostrou uma correlação negativa significativa elevada (r= - 0,794**) com a matéria orgânica do solo à superfície. Chaudhari *et al.,* (2013) registaram um resultado semelhante de correlação inversa de alto grau entre a matéria orgânica e a densidade aparente. Enquanto a densidade aparente do solo superficial mostrou uma correlação negativa altamente significativa com o TP (r= -0,930**) e a OM (r= -0,725).

4.6.2. Perfis do solo

Independentemente da profundidade do solo, foi efectuada uma correlação simples entre os macronutrientes e as propriedades do solo para todos os perfis expostos na área de estudo. Uma análise dos dados no quadro 4.6 revelou que o azoto total, o fósforo disponível e o potássio permutável apresentaram uma correlação insignificante com as propriedades do solo e a profundidade do solo. Isto pode dever-se ao facto de os solos não estarem amadurecidos devido à falta de meteorização. Parece que este material foi transportado e depositado nesta área e devido à falta de meteorização química devido ao facto de a precipitação recebida ser inferior a 500 mm. Para além disso, foram frequentemente encontrados depósitos de argila maciça enterrada na camada profunda do solo, resultado de processos aluviais e de erosão num passado próximo. Estes resultados estão de acordo com a observação registada por (Wagner *et al.*, 1994). No entanto, o teor de cálcio permutável no solo correlacionou-se positiva e significativamente ($p<0,05$) com o pH (r= 0,727*), a argila (r= 0,736*), o silte (r= 0,689*) e a densidade aparente (r= 0,846*). O teor de cálcio permutável mostrou uma correlação significativa altamente positiva ($p<0,01$) com a CEC (r= 0,930**) (tabela 4.6).

Os dados da tabela 4.6 mostraram que o teor de magnésio permutável nos solos em estudo teve uma correlação positiva significativa ($p<0,05$) com o CEC (r= 0,817*) e o teor de argila (r= 0,716*). O magnésio trocável também apresentou correlação significativa negativa ($p<0,05$) com a areia (r=-0,851*). Estes resultados estão de acordo com as observações de Woomer *et al.* (1994), segundo as quais a capacidade de troca catiónica é uma função da matéria orgânica do solo e do teor de argila. As argilas tinham uma área de superfície grande e frequentemente muito reactiva; estes dois factores variam muito entre classes de mineralogia. Dentro de uma classe mineralógica, a CEC está linearmente relacionada com o teor de argila do solo. O teor de sódio permutável, apesar de pequeno, teve uma relação positiva significativa ($p<0,05$) com a condutividade eléctrica (r= 0,756*), resultados semelhantes foram também relatados por Denise (2003).

A densidade aparente da amostra de solo do perfil apresentou uma correlação significativa positiva elevada com a PD (r= 0,916**) e uma correlação negativa significativa com a CEC (r= - 0,785*). A densidade de partículas das amostras de solo do perfil apresentou uma correlação significativa positiva elevada com o pH (r= 0,780**) e uma correlação negativa significativa com a MO (r=-0,756*). O teor de argila da amostra de solo do perfil teve uma correlação positiva significativa com o CEC (r= 0,794*).

Tabela 4.5 Matriz de correlação de Pearson para vários parâmetros físico-químicos do solo à superfície (0-20 cm)

	BD	PD	TP	Sand	Silt	Clay	TN	P	K	Ca	Mg	Na	CEC	OM	pH	EC
BD	1															
PD	.798**	1														
TP	-.930**	-.596	1													
Sand	.676*	.758*	-.490	1												
Silt	.229	.070	-.216	-.448	1											
Clay	-.870**	-.840**	.736*	-.674*	-.266	1										
TN	-.880**	-.709*	.885**	-.537	-.206	.805**	1									
P	.108	.382	.044	.171	-.074	.016	.062	1								
K	-.855**	-.693*	.756*	-.665*	-.195	.843**	.849**	.255	1							
Ca	.163	.213	-.033	.249	-.034	-.027	.047	.032	-.140	1						
Mg	-.368	-.087	.261	-.162	-.409	.416	.265	.222	.547	.150	1					
Na	-.128	-.126	.040	-.499	.321	.354	.213	.640*	.471	-.169	.208	1				
CEC	.542	.718*	-.360	.383	.237	-.423	-.547	.426	-.454	.492	.089	.062	1			
OM	-.725*	-.794**	.613	-.871**	.303	.735*	.799**	-.105	.744*	.015	.098	.454	-.504	1		
pH	-.267	-.046	.258	-.568	.588	.104	.189	-.073	.151	-.116	.098	.369	.032	.441	1	
EC	-.602	-.393	.634*	-.782**	.532	.464	.552	.182	.561	-.246	.034	.525	-.109	.707*	.749*	1

*A correlação é significativa a 5% do LOS **a correlação é significativa a 1% do LOS

BD= densidade aparente. PD= densidade das partículas. TP= porosidade total. TN= azoto total. P= fósforo permutável. K= potássio permutável, Ca= cálcio permutável, Mg= magnésio permutável, Na= sódio permutável, CEC= capacidade de troca catiónica. OM= matéria orgânica, CE= condutividade eléctrica.

Quadro 4.6 Matriz de correlação de Pearson para vários parâmetros físico-químicos do solo do perfil

	pH	EC	OM	TN	P	K	Na	Ca	Mg	CEC	BD	PD	TP	sand	silt	clay	depth
pH	1																
EC	-.363	1															
OM	.497	-.425	1														
TN	-.354	.013	.325	1													
P	-.023	.668	.220	.287	1												
K	-.180	.028	.139	.791**	.189	1											
Na	-.305	.756*	-.591	-.151	.189	.210	1										
Ca	.727	-.073	.293	-.011	-.092	.183	.113	1									
Mg	.015	.299	-.386	.127	-.125	.574	.734	.553	1								
CEC	.513	.121	.020	.012	-.091	.347	.430	.930**	.817*	1							
BD	.697	-.163	.583	.181	.094	.458	.059	-.846*	.475	-.785*	1						
PD	.780*	-.339	-.756*	-.021	.022	.178	-.152	.711	.152	.556	.916**	1					
TP	.559	-.553	.746	-.279	-.170	-.506	-.655	.177	-.623	-.150	.246	.587	1				
sand	.261	-.142	.688	.031	.498	-.330	-.644	-.250	-.851*	-.536	-.044	.222	.662	1			
silt	.752	-.360	-.001	-.518	-.447	-.053	.108	.689*	.469	.682	.598	.586	.174	-.371	1		
clay	.143	-.092	.018	.404	-.346	.499	.189	.736*	.716	.794*	.552	.293	-.204	-.621	.347	1	
depth	-.683	.508	-.396	-.264	.094	-.447	.382	-.635	.265	-.522	-.680	-.551	-.099	.023	-.564	-.471	1

*A correlação é significativa a 5% do LOS **a correlação é significativa a 1% do LOS

CAPÍTULO 5

CONCLUSÃO E RECOMENDAÇÕES

5. 1 Conclusão

O estado e a distribuição de macronutrientes (NPK) nos solos da área de Hamelmalo, foram recolhidas amostras representativas de solos de superfície e de perfil em diferentes locais e sob diferentes utilizações da terra, tendo sido investigadas as suas caraterísticas físico-químicas (areia, silte, argila, TP, pH, CE, CEC e OM) e os catiões macronutrientes disponíveis e totais (TN, P, K, Ca, Mg, Na). A investigação incluiu os estudos de solos cultivados com cereais, hortícolas e florestais abertos e as conclusões mais importantes foram as seguintes

5.1.1 Propriedades físicas dos solos superficiais em diferentes utilizações do solo

As texturas do solo à superfície variavam entre franco-argilo-arenoso e franco-arenoso. Comparando todos os sistemas de utilização do solo, observaram-se valores mais baixos de fracções argilosas à superfície do que de fracções arenosas e siltosas. Independentemente da utilização do solo, a densidade aparente superficial da área em estudo variou entre um mínimo de 1,33 nas zonas florestais abertas e um máximo de 1,78 g cm^^{3} nos solos cultivados com cereais da HAC. Os solos de floresta aberta tinham uma densidade aparente mínima, seguida dos sistemas de utilização dos solos hortícolas e cerealíferos. Comparando os três sistemas de utilização dos solos, a densidade de partículas mais elevada, com um valor médio de 2,66±0,03 g cm^3 , foi obtida nos solos cultivados com cereais. Enquanto que a densidade de partículas mais baixa, com um valor médio de 2,40 ± 0,01 g cm^3 , foi observada na utilização de floresta aberta. O valor médio máximo (44,04±0,74 %) da percentagem de porosidade total foi encontrado nas utilizações de floresta aberta, enquanto o valor médio mínimo (39,24±3,20 %) da percentagem de porosidade total foi observado nas utilizações de terrenos cultivados com cereais.

5.1.2 Propriedades químicas dos solos superficiais sob diferentes usos do solo

De acordo com o resultado da análise química do solo de superfície, a maioria dos solos na área de estudo variou de neutro a moderadamente alcalino em reação, o que indica que a gama de pH é favorável à disponibilidade de nutrientes para as plantas, uma vez que a maioria dos nutrientes está disponível entre pH de 6,5-8,5. A gama de condutividade eléctrica foi inferior a 2 dS/m, indicando que a salinidade não é de todo um problema na área de estudo. A CE média das amostras de solo indica que a CE dos diferentes usos do solo é da ordem Horticultura > floresta aberta > usos do solo cultivados com cereais.

Os dados relativos à matéria orgânica mostraram que o teor mais elevado de MO foi encontrado em solos florestais abertos, enquanto a média mais elevada de teor de MO foi mais elevada em solos hortícolas do que em solos florestais abertos. Em geral, as classificações do teor de MO de todas as amostras, independentemente da utilização do solo, variaram de extremamente baixas a baixas. O que indica que estes solos estavam severamente erodidos, degradados e com baixa estabilidade estrutural. Os dados relativos ao teor de azoto total da área de estudo sob diferentes utilizações do solo indicaram que, independentemente da utilização do solo, a distribuição do azoto total no solo de superfície variou entre 0,01 em cereais cultivados e 0,08 em floresta aberta. Assim, o azoto total foi considerado muito baixo ou baixo nas três utilizações do solo. O baixo teor de azoto nos solos pode dever-se à baixa quantidade de matéria orgânica no solo. Uma vez que a maior parte do azoto do solo se encontra na forma orgânica, esta relação foi observada. Os teores de TN nos solos apresentaram uma correlação significativa e positiva ($p<0,01$) com a MO ($r=0,799^{**}$) e o TP ($r=0,885^{**}$). O teor de TN do solo superficial também se correlacionou significativamente ($p<0,05$) com a argila ($r= 0,805^{*}$). No entanto, verificou-se que o teor de TN dos solos estava significativamente mas negativamente correlacionado ($p<0,01$) com BD ($r= -0,880^{**}$) e PD ($r= -0,709^{**}$). Os dados relativos ao fósforo disponível no solo superficial mostraram que, independentemente da utilização do solo, todas as amostras foram classificadas como baixas. Assim, em todas as amostras de solo de superfície, o P disponível nos solos da área de estudo era baixo. Além disso, o teor de fósforo dos solos apresentou uma correlação menos positiva com a maioria dos parâmetros físico-químicos do solo.

A capacidade de troca catiónica da área de estudo variou de local para local, dependendo da textura do solo e do teor de matéria orgânica. Cerca de 33,33% e 66,67% das amostras de solo provenientes de terras cultivadas com cereais apresentaram valores muito baixos e baixos de CEC, respetivamente. Em contrapartida, nas utilizações hortícola e florestal aberta, quase todas as amostras apresentavam valores de CEC qualificados a elevados.

O estado do Ca permutável^{++} e do Mg^{++} foi considerado elevado a muito elevado e moderado a muito elevado, respetivamente. Embora as diferentes culturas tenham diferentes gamas óptimas de necessidades de nutrientes, em geral, pode concluir-se que o teor de cálcio permutável é suficiente em todos os solos cultivados com cereais, hortícolas e florestais da área de estudo. Os níveis médios a muito elevados de Mg^{++} nos solos sugerem que os solos têm fornecimentos naturais suficientes de Mg^{++} para o crescimento das culturas nos locais estudados.

Em todos os usos do solo, a disponibilidade de K trocável^{+} varia de muito baixa a baixa. Os intervalos de valores médios de K trocável^{+} observados neste estudo mostraram que o K^{+} estava abaixo dos níveis críticos (0,38 cmol (+)/kg) para a produção da maioria das plantas cultivadas. O teor de K trocável do solo, independentemente do uso da terra, mostrou uma correlação positiva e significativa ($p<0,05$) com a MO (r= 0,744*) e o TP (r= 0,756*) e mostrou uma correlação positiva altamente significativa ($p<0,01$) com a argila (r= 0,843**). Além disso, o teor de K trocável$^+$ foi negativamente e significativamente correlacionado ($p<0,05$) com areia (r= -0,665*) e PD(r= -0,693*). No entanto, o teor de K trocável$^+$ apresentou uma correlação significativa altamente negativa com BD (r= - 0,855**). O teor mais elevado de Na permutável$^+$ (0,68 cmol (+)/kg) foi encontrado no sistema de utilização do solo baseado na horticultura. Enquanto que o valor mais baixo (0,06 cmol (+)/kg) foi obtido em terras cultivadas com cereais na BWA. O teor de Na permutável$^+$ varia de muito baixo a médio, independentemente do uso do solo.

5.1.3 Propriedades físicas dos perfis de solo em diferentes utilizações do solo

A textura do solo nos perfis da área de estudo variava entre franco-argiloso e franco-arenoso. Um exame dos resultados da análise da textura mostrou que a distribuição em profundidade do teor de areia em todos os perfis expostos não apresentava uma tendência específica de diminuição ou aumento com a profundidade. Do mesmo modo, o teor de silte apresentou uma distribuição irregular, exceto nas utilizações florestais abertas, onde apresentou uma tendência crescente com a profundidade. No entanto, o teor de argila apresentou uma tendência decrescente com a profundidade nas utilizações florestais abertas, mas nas restantes utilizações do solo o teor de argila não apresentou qualquer tendência específica com a profundidade. No entanto, o teor de argila da amostra de solo do perfil teve uma correlação positiva significativa com o CEC (r= 0,794*).

A densidade aparente da área em estudo, independentemente da utilização do solo e da profundidade, variou entre um mínimo de 1,33 na floresta aberta e um máximo de 1,71 g cm^{-3} nos solos cultivados com cereais, com uma média ponderada de 1,56±0,03 g cm". Em todos os sistemas de utilização do solo, a densidade aparente variou entre valores moderados e elevados. A densidade aparente da amostra de solo do perfil apresentou uma correlação positiva significativa com a PD (r= 0,916**) e uma correlação negativa significativa com a CEC (r= - 0,785*).

Relativamente à densidade das partículas, quando se comparam os três sistemas de utilização do solo, a densidade de partículas mais elevada, com um valor médio ponderado de 2,59±0,28 g cm^{-3}, foi obtida nas utilizações hortícolas do solo. Ao passo que a densidade de partículas mais baixa, com um valor médio ponderado de 2,44±0,02 g cm^{-3}, foi observada na utilização de floresta aberta. A densidade de partículas das amostras de solo do perfil teve uma correlação significativa positiva elevada com o pH (r= 0,780**) e uma correlação negativa significativa com a MO (r= - 0,756*). Na área de estudo, a porosidade também se alterou devido à variação das utilizações do solo. No entanto, a quantidade de porosidade total nas terras cultivadas diminuiu devido à lavoura que provoca a compactação.

5.1.4 Propriedades químicas dos perfis de solo sob diferentes utilizações do solo

As análises químicas das amostras do perfil do solo revelaram que a maioria dos solos tinha uma reação neutra a fortemente alcalina. O pH (1:5), independentemente da profundidade do solo, foi encontrado nos solos cultivados com cereais, tanto o valor mais alto de 8,7 como o mais baixo de 7,23. A camada inferior extrema no perfil cultivado com cereais (P1) apresentou um valor de pH de 8,73, o que vai contra o limite da gama de disponibilidade de fósforo. De acordo com um guia geral para a disponibilidade e solubilidade de elementos, o valor do pH no qual a disponibilidade de fósforo é reduzida varia entre pH<5,0 e entre 8,5-9,5.

Os dados relativos aos valores de CE em todos os tipos de utilização do solo mostraram que os efeitos da salinidade são, na sua maioria, negligenciáveis, sendo inferiores a 2 dS/m. O CEC da área de estudo mostrou que tanto o valor mais elevado de 95,37 cmol (+)/kg de solo como o valor mais baixo de 21,4 cmol (+)/kg de solo foram registados em solos cultivados com cereais. Em geral, o teor de CEC na camada sub-superficial foi superior ao das camadas superficiais em todos os perfis expostos. Além disso, o teor de CEC das amostras dos perfis em estudo varia entre moderado e muito elevado.

A percentagem do teor de matéria orgânica nas utilizações cerealíferas, hortícolas e florestais variou entre 0,08 e 1,39, 0,11 e 1,42 e 0,13 e 1,29%. Exceto na zona de floresta aberta, onde o teor de OM do solo apresentou uma tendência para diminuir com a profundidade, nas outras utilizações do solo o OM apresentou uma tendência irregular com o aumento da profundidade do solo e o teor de OM do perfil do solo varia de extremamente baixo a baixo. O teor de azoto total nos cereais, na horticultura e na floresta aberta variou de 0,01 a 0,06, 0,01 a 0,09 e 0,02 a 0,08%, respetivamente. Assim, o azoto total era muito baixo ou baixo nas três utilizações do solo. Os resultados do estudo indicaram que o nível de azoto se encontra no nível mais baixo, o que significa que o seu potencial para limitar o rendimento das culturas na área. O azoto total das amostras de solo apresentou uma correlação insignificante com as propriedades físico-químicas do solo e a profundidade. No entanto, a distribuição do teor de azoto total seguiu um padrão semelhante ao da distribuição do azoto à superfície e o valor médio foi relativamente mais elevado na camada de solo descoberto. Este resultado é esperado, uma vez que a maior parte do azoto do solo está ligada ao carbono orgânico.

O teor de fósforo disponível nos cereais cultivados, na horticultura e na floresta aberta foi encontrado com médias ponderadas de 1,33±0,19, 0,03±0,69 e 1,59±0,49 ppm, respetivamente. A análise da amostra de solo mostrou que todas as amostras de perfil de solo sob cultivo de cereais, horticultura e floresta aberta apresentavam uma gama baixa de fósforo disponível.

Comparando as três utilizações do solo, o teor mais elevado (78 cmol (+)/kg de solo) de Ca permutável^{++} foi observado na utilização do solo cultivado com cereais na HAC e o mais baixo (16 cmol (+)/kg) foi encontrado nas utilizações do solo cultivado com cereais e hortícola da HAC. O teor de cálcio permutável em todos os tipos de utilização do solo variou de elevado a muito elevado. Os teores de cálcio permutável nos perfis do solo tiveram uma correlação positiva e significativa ($p<0,05$) com o pH ($r= 0,727^*$), argila ($r= 0,736^*$), silte ($r= 0,689^*$) e BD ($r= -0,846^*$) e mostraram uma correlação significativa altamente positiva ($p<0,01$) com a CEC ($r= 0,930^{**}$).

O teor mais elevado (30 cmol (+)/kg) e mais baixo (4 cmol (+)/kg) de Mg permutável^{++} foi encontrado em solos cultivados com cereais de BWA e HAC, respetivamente. O teor de magnésio permutável (Mg^{++}) em todos os tipos de utilização do solo variou de elevado a muito elevado. O teor de Mg permutável^{++} nos solos em estudo teve uma correlação positiva significativa ($p<0,05$) com o CEC ($r= 0,817^*$) e a argila ($r= 0,716^*$). O Mg trocável^{++} também apresentou correlação negativa significativa ($p<0,05$) com a areia ($r= - 0,851^*$).

Não houve correlação significativa entre o K trocável^{+} e as propriedades do solo. De um modo geral, o teor de potássio permutável das amostras de solo dos perfis foi idêntico ao do solo de superfície, variando entre muito baixo e baixo. O Na permutável^{+} , independentemente das utilizações do solo, variou de muito baixo a muito alto. O teor de sódio permutável, embora pequeno, teve uma relação positiva significativa ($p<0,05$) com a condutividade eléctrica ($r= 0,756^*$).

5.3 Recomendações

> Os resultados do estudo revelaram que a disponibilidade de NPK, independentemente das utilizações do solo, foi classificada como muito baixa a baixa. Assim, é necessário aplicar/repor os nutrientes deficientes através de fertilizantes químicos e/ou adubos orgânicos para manter a saúde do solo. Para uma produção agrícola eficiente e sustentável nestes solos, é necessário desenvolver um sistema agrícola que seja simultaneamente enriquecedor e restaurador do solo.

> Para manter a produtividade a longo prazo das terras agrícolas, é essencial integrar as práticas de gestão cultural existentes com tecnologias adequadas, tais como a reflorestação, a exclusão das florestas existentes da interferência humana e do gado e o controlo da erosão do solo na zona.

> É necessário mais trabalho de investigação sobre a gestão de nutrientes com práticas indígenas (agro-silvicultura, rotação de culturas e transferência de biomassa), reforçando e expandindo as práticas de fertilidade existentes, como os fertilizantes orgânicos (resíduos domésticos, estrume e compostos) para sustentar a produção agrícola.

- Práticas melhoradas, como fertilizantes e adubos, etc., complementadas por uma forte política de utilização das terras e fontes alternativas de energia rural, devem ser integradas numa estratégia de desenvolvimento agrícola sustentável da zona.
- No entanto, é necessário um estudo pormenorizado sobre a mineralogia do solo, os fluxos de nutrientes e a análise solo-planta para se poderem fazer recomendações concretas. A identificação e a caraterização dos tipos de solo e a sua distribuição são também algumas das lacunas críticas de investigação que têm de ser preenchidas nesta área.

Referências

Amanuel, N., Bein, E., Gebru, K. e Tengnas, B. 2002. Manual de conservação do solo e da água para Eritreia. RELMA Technical Handbook No. 29. Unidade Regional de Gestão de Terras (RELMA/Sida), Nairobi, Quénia.

Arshad, M.A. e Coen, G.M. 1992. Caracterização da qualidade do solo: critérios físicos e químicos. *Amer. J. soil sc.* 7:25-31.

Asgelil, D. 2000. Efeito do fertilizante no rendimento e no padrão de nodulação do feijão Faba no Nitossolo de Adet, Noroeste da Etiópia. *Ethiopian J. Natural Resources,* 2(2):237-244.

Assefa, K. 1978. Efeitos do húmus na capacidade de retenção de água do solo, e o seu papel na luta contra a desertificação.[Internet] disponível em http://www.iuss.org/19th%20WCSS/Symposium/pdf/2134.(Acedido em 12th março 2014)

Baker, M.R., Nys, C. e Picard, J.F. 1997. Efeitos da calagem e da aplicação de gesso num povoamento de carvalho séssil (*Quercus petraea*) em Larcroix-Scaille (Ardenas francesas). I. Caraterísticas do sítio, química do solo e biomassa aérea. *Plant and Soil.* 150: 99-108.

Barrow, N. J. 1980. Avaliação e utilização do fósforo residual nos solos. Sociedade Americana de Agronomia, Madison, Wisconsin, EUA49:333-359.

Barber, S. 1984. Soil nutrient bioavailability mechanistic approach. John Wiley and Sons, Inc., Nova Iorque.

Belachew,T. e Yifru, A. 2010. Avaliação do estado de fertilidade do solo com profundidade nas terras altas de cultivo de trigo do sudeste da Etiópia. *Revista Mundial de Ciências Agrícolas* 6 (5): 525-531

Bell, R.W. e Dell, B.2008. Saúde do solo e qualidade do solo. [Internet] Disponível em www. fertilizer.org. [acedido em 12 de abril de 2013].

Bell, L.C. 1993. Propriedades básicas dos solos. In: A Training course for the Non-soils specialist, palestras convidadas Fergus, I.F e Coughlan, K.J. (eds.) *Australian society of soil science Inc.,* pp33-35.

Bereket, A. 2005. Poverty and Natural Resources Management in the Central Highlands of Eritrea. Tese de doutoramento, Universidade de Groningen, Países Baixos.

Bernoux, M., Cerri, C.C., Neill, C. e De Moraes, J.F.L. 1998. O uso de isótopos estáveis de carbono para estimar as taxas de renovação da matéria orgânica do solo. *Geoderma.* 82: 43-58.

Bishop, J. e Allen. J. 1989. On-Site Costs of Soil Erosion in Mali (Custos no local da erosão do solo no Mali). Departamento do Ambiente

Documento de trabalho n.º 21, Banco Mundial, Washington DC.[internet] disponível em http://www.tradeoffs.montana.edu/pdf/SD-BD . pdf (acedido em 10 de abril de 2013)

Black, C.A. 1965. Methods of soil analysis. Parte I, Sociedade Americana de Agronomia. Madisoin, Wisconsin.

Bolland, M.D.A. e Gilkes, R.J. 1990. A influência das condições sazonais, espécies de plantas e tipo de fertilizante na previsão do rendimento das plantas usando o teste de fosfato de bicarbonato de Colwell no solo. *Fertilizer research* 19:143-158.

Bowden, J.W. 1989. Previsão das necessidades de fertilizante de fósforo. *Australia Agri. science* 2: 22-25.

Brady, N.C. e Weil, R.R. 2000. Elements of the nature and properties of soils (Elementos da natureza e propriedades dos solos). 12th ed., Prentice-Hall, Inc., Englewood Cliffs New Jersey, EUA. Prentice-Hall, Inc., Englewood Cliffs New Jersey, EUA.

Brady, N.C. e Weil, R.R. 2002. The Nature and Properties of soils, 13th ed., Prentice-Hall, Inc., Englewood Cliff New Jersey, EUA. Prentice-Hall, Inc., Englewood Cliffs New Jersey, EUA.

Bruce, R.C. e Raymet, G.E. 1982. Métodos analíticos e interpretações utilizados pelo ramo da química agrícola para inquéritos sobre o solo e a utilização das terras. In: interpreting soil results, Hazelton, P., and Murphy, B. (eds.) CSIRO publishing, Australia.

Burke, I.C., Schimel, D.S., Yonker, C.M., Parton, W.J., Joyce, L.A. e Lauenroth, W.K. 1990. Modelação regional da biogeoquímica de terrenos de pastagem utilizando SIG. Landscape Ecology 4:45-54.

Chaudhari, P., Ahire, D. V. e Ahire, V. D. 2013. Densidade do solo em relação à textura do solo, conteúdo de matéria orgânica e nutrientes totais disponíveis no solo de Coimbatore. *Revista Internacional de Publicações Científicas e de Investigação* 3(2): 2250-3153

Clements, B. e McGowan, I. 1994. Strategic fertilizer use on pastures. NSW Agriculture. Agnote Reg.4/57, Orange, NSW.

Dawis, I. 2006.Papel das caraterísticas físicas e químicas do solo e dos factores paisagísticos na definição do comportamento do solo sob dispersão de águas residuais a longo prazo. Tese de doutoramento. [Internet] disponível em http://eprints.qut.edu.au/16297/1/Les_Dawes_Thesis.pdf (acedido em 28th de dezembro, 2013).

Dhale S.A. e Prasad, J. 2009. Caracterização e classificação dos solos de cultivo de laranja doce do distrito de Jalna, Maharashtra. *J. of the Indian Soc. of S. Sc.* 57: 11-17

Edwards, N.K. 1993.Distribuição de Potássio no perfil do solo de uma planície arenosa sob espécies de pastagem. In: Moore, G. (eds) soil guide. A hand book for understanding and managing agricultural soils. Departamento de Agricultura da Austrália Ocidental. Boletim No. 4343.

Elbordiny, M. M. e El-Dewiny, Y.C. 2008. Efeito de algumas propriedades do solo afectadas pelo sal na disponibilidade de micronutrientes. *J. of Applied Science Res.,* 4 (11): 1569 - 1573.

Eylachew, Z. 1987. Caraterísticas físicas, químicas e mineralógicas selecionadas dos principais solos que ocorrem nas terras altas de Chercher, Etiópia Oriental. *Ethiopian J. of Natural Res.* 1(2): 173-185.

FAO. 1994. Revisão do sector agrícola da Eritreia. FAO, Roma

FAO. 2005. Sistema global de informação e alerta rápido sobre alimentação e agricultura - programa alimentar mundial. Relatório especial FAO/WEP Crop and food supply assessment mission to Eritrea. 18 de janeiro de 2005.

FAOSTAT. 2005. Produção de sorgo por ano na base de dados FAOSTAT. FAO. Itália, Roma.

Folmer, E.C. R., Guerts, P.M.H. e Francisco, J.R. 1998. Avaliação do esgotamento da fertilidade do solo em Moçambique. *Agri, Ecosystem and Environment,* 71: 159-169.

Foth, H.D. 1990. Fundamentals of soil science, 8th ed., John Wiley and sons, Inc., York, EUA. John Wiley and sons, Inc., Nova Iorque, EUA. 360p.

Foth, H.D. e Ellis. B.G. 1997. Soil fertility, 2nd ed. Lewis CRC Press LLC. Lewis CRC Press LLC., EUA. 290p.

Grace, P.R., Oades, J.M., Keith, H. e Hancock, T.W. 1995. Tendências na produção de trigo e carbono orgânico do solo no ensaio de rotação permanente no Waite Agricultural Research Institute, Austrália do Sul. *Australian J. of Experimental Agri...* 35: 857-864.

Fritton, D.D. and Olson, G.W. 1972.Bulk densities of a fragi pan soil in natural and disturbed profile. *Soil Sci.Soc.Amer.J.*36: 686-689.

Gabhane, V.V., Jaithao, V.O. e Nagdene, M.B. 2006. Avaliação das terras para o planeamento da utilização das terras de uma microbacia hidrográfica na região de Vidharbha, em Maharashtra. *J. Indian Soc. of Soil Sci.* 54(3): 307-315

Gebeyaw T. 2007. Estado de fertilidade do solo influenciado por diferentes usos do solo em áreas de maybar da zona sul de wello, norte da Etiópia. Dissertação de Mestrado. Tese [internet] disponível em http://www.cde.unibe.ch/CDE/pdf/Gebeyaw%20Tilahun MSc%20Thesis.pdf (acedido em 26th de abril de 2014).

Gomez, K.A. e Gomez, A.A. 1984. Statistical procedure for agricultural research, 2nd ed., John Wiley and Sons, Inc., Nova Iorque, EUA. John Wiley and Sons, Inc., Nova Iorque, EUA.

Gregorich, E.G., Ellert, B.H. e Monereal, C.M. 1995. Transformação da matéria orgânica do solo e armazenamento de carbono de resíduos de milho estimado a partir da abundância natural de 13C. *Can. J. Soil Sci.* 75:161-164

Haile, A., Gebertatios, I., Weldeselassie, O., Omer, M.K., Araia, W., Gebremariam, T. e Gevreselassie, G. 1998. Reabilitação de terras degradadas na Eritreia. 2nd ed. Universidade de Asmara.315p.

Hazelton, P. e Murphy, B. 2007. Interpreting soil test results. CSIRO Publishing. Melbourne, Austrália.

Hillel, D. 1980. Fundamentals of soil physics (Fundamentos da física do solo). Editora Harcourt

Brace Jovanovich, Academic press, Inc. San Diego. 413p.

Hodges, S.C. 2000. Soil fertility basics, Certified Crop Advisor Training. Extensão de Ciência do Solo da Universidade Estadual da Carolina do Norte. [Internet] disponível em http:\/www.soiLncsu.edu/programs/nmp/Nutrient%20management%20for%20CCA.pdf [acedido em 3rd de março, 2013].

Islam, K.R. e Weil, R.R. 2000. Efeitos da utilização da terra na qualidade do solo num ecossistema florestal tropical do Bangladesh. *Agri. Ecosystems and Environment .1:9-16.*

Jaiyeoba, I.A. 2003. Alterações nas propriedades do solo devido ao cultivo contínuo na savana semi-árida nigeriana Savannah. *Soil and Tillage Research* vol. 70 pp 91-98.

Jobbagy, E.G. e Jackson, R.B. 2001. A distribuição dos nutrientes do solo em profundidade: Global patterns and the imprint of plants. *Biogeochemistry* 53:51-77.

Jordan, D. 1993. Fertilidade do solo e problemas ambientais em diferentes zonas ecológicas dos países em desenvolvimento da África subsaariana. In: The role of plant nutrients and sustainable food production in sub- Saharan Africa H van Reuler and W.H. Prins (Eds.) The Netherlands, pp. 37-52.

Kaistha, B.P. e Gupta R.D. 1994. Morfologia e caraterísticas de alguns entisols e inceptisols da região noroeste dos Himalaias. *J. Indian Soc. Soil Sci.* 42(1): 100-104.

Katyal, J.C. 2003. Soil Fertility Management- A Key to Prevent Desertification (Gestão da Fertilidade do Solo - Uma Chave para Prevenir a Desertificação). *J. Indian Soc. SoilSci.* 51: 378-3857C.

Kinyangi, J. 2007. Isótopos para estimar as taxas de renovação da matéria orgânica do solo. *Geoderma* 82:4358.

Kizilkaya, R. e Dengiz, O. 2010. Variação dos efeitos do uso e cobertura do solo em algumas caraterísticas físico-químicas do solo e na atividade enzimática do solo. [Internet] disponível em http://www.lzi.lt/tomai/97(2)tomas/97_2_tomas_str2.pdf [acedido em 24th de fevereiro de 2014].

Kumar P., Verma, T.S. e Sharma, P.K. 2006. Effect of land uses on relationship between organic carbon and available nutrients in dry temperate zone of Himachal Pradesh. *Agropedologia* 15: 80-85.

Lal, R. 2001. World cropland soils as a source or sink for atmospheric carbon. *Adv. Agron.* 71:145-191.

Landon, J.R. 1991. Booker Tropical Soil Manual. Long Man Scientific and Technical com John Wiley and Sons. Inc, Nova Iorque, EUA.

Malgwi, W.B., Ojanuga, A.G., Chude, V.O., Kparmwang, T. e. Raji, B.A 2000. Morphological and Physical Properties of Some Soil at Samaru, Zaria, Nigeria (Propriedades morfológicas e físicas de alguns solos em Samaru, Zaria, Nigéria). *Nigerian J. Soil Res.* 1:58 - 64.

Mason, M.G.1991. Nitrogénio. In: the wheat book- A technical manual for wheat producers. (eds.) Perry, M. e Hillman, B. Department of Agriculture west Australia. Boletim No. 4196 pp 62-65.

Mason, M.G. e Madin, R.W. 1996. Effect of weeds and nitrogen fertilizer on yield and grain protein concentration of wheat. *Australian J. Experimental Agri.* No. 97/88.

McDonagh, J.F., Thomsen, T.B. e Madig, J. 2001. Declínio da matéria orgânica do solo e alteração da composição associada à cultura de cereais no sul da Tanzânia. Land Degradation and Development 12:13-26.

Mesfin, A. 1996. Estado do desenvolvimento da ciência do solo para a agricultura na Etiópia. *Eth. J. Agri. Sci* 2: 139-157.

Metson, A.J. 1961. Métodos de análise química para amostras de solos. In: Hazelton, P. e B. Murphy (eds.) interpreting soil test results. CSIRO publishing, Collingwood, Austrália. 152pp.

Miller, R.W. e Grardiner, D.T. 2001. Soils in our environment, 9th ed., Prentice-Hall inc. Prentice-Hall Inc., Englewood Cliffs, Nova Jersey, EUA.

Miller, R.W. e Donahue, R.L. 1995. Soils in our environment, 7th ed., Englewood Cliff, New Jersey. Prentice Hall Inc., Englewood Cliffs, New Jersey. EUA.

MOA .2002. Programa de ação nacional da Eritreia para combater a desertificação e atenuar os efeitos da seca (PAN). Ministério da Agricultura. Asmara, Eritreia.

Moore, G.2004. Guia do solo. Um manual para compreender e gerir os solos agrícolas. Departamento de Agricultura da Austrália Ocidental. Boletim No.4343.

Murphy, H.F. 1968. A report on the fertility status and other data on some soils of Ethiopia, Experiment Station Bulletin No. 44. [Internet] disponível em http://library.wur.nl/WebQuery/clc/499402 (acedido em 8 de maio de 2014)

Ndukwu, B.N., Idigbor, C.M., Onwudike, S.U. e Chukwuma, M.C. 2010. Avaliação dos efeitos de tipos selecionados de utilização de terras agrícolas nas propriedades do solo em Nando, sudeste da Nigéria. *International J.l of Sustainable Agri.* 2 (2): 34-38, 2010.

Oades, J.M., Gillman, G.P., Uehara, G., Hue, N.V., Van Noordwijk, M., Robertson, G.P e Wada, K. 1989. Interações entre a matéria orgânica do solo e as argilas de carga variável. University of Hawaii Press, Honolulu 69-95.

Olsen, S.R., Cole, C.V., Watanable, F.S. e Dean, L.A. 1954. Estimatioin of variable phosphorus in soil bye extraction with sodium bicarbonate. USDA Circular 939:1-19.

Ozanne, P.G. 1961. Phosphate sorption by soils as a measure of the phosphate requirement for pasture growth. *Australian J. Agri. Res.* 18:601-612.

Pandey, C.B., Singh, G.B., Singh, S.K. e Singh, R.K. 2010. Dinâmica do azoto do solo e do carbono da biomassa microbiana em florestas nativas e utilizações agrícolas derivadas num clima tropical húmido da Índia. *Planta e solo* 333: 453-467.

Patterson, R.A. 1994. On-site treatment and disposal of septic tank effluent, Tese de Doutoramento, [Internet] disponível em http://eprints.qut.edu.au/16297/1/Les Dawes Thesis.pdf (acedido em 8 th de fevereiro de 2014).

Powlson, D.S. 1991. Efeito do cultivo na mineralização do azoto no solo. *Planta e solo* 57:151-153.

Rhoades, J.D. 1982. Capacidade de troca catiónica. In: Page, A.L. (eds) methods of soil analysis, Agron. No. 9, parte 2: propriedades químicas e mineralógicas. *Am. Soc. Agron.,* Madison, WI, EUA. pp. 149-157.

Richards, L.A. 1954. Diagnosis and improvement of saline and alkali soils (Diagnóstico e melhoramento de solos salinos e alcalinos). USDA Agric. Manual 60. Washington D.C.

Rockstrom, J. e Falkenmark, M. 2000. Semi-arid crop production from a hydrological perspective-Gap between potential and actural yields. [Internet] disponível em http://ageconsearch.umn.edu/bitstream/20279/1/sp04nk01.pdf (acedido em 10 de abril de 2013)

Ryan, J., Estefan, G. e Rashid, A. 2001. Manual de laboratório de análise de solos e plantas. 2nd ed. Publicado conjuntamente pelo Centro Internacional de Investigação Agrícola nas zonas secas (ICARDA) e pelo Centro Nacional de Investigação Agrícola (NARC), Aleppo, Síria.

Saikh, H., Varadachari, C. e Ghosh, K. 1998. Effects of deforestation and cultivation on soil CEC and contents of exchangeable bases: Um estudo de caso no Parque Nacional de Simlipal, Índia. *Plant and Soil* 204: 175-181.

Sanchez, P. 1985. O sistema de classificação de solos por capacidade de fertilidade: interpretação, aplicabilidade e modificações. *Geoderma* 27, 283-309.

Sanchez, P.A. 2002. Soil fertility and hunger in Africa (Fertilidade do solo e fome em África). Am. Soil Sci., 295(5562):2019-2020.

Scholes, R.J. 1990. A influência da fertilidade do solo na ecologia das savanas secas da África Austral. In: The biological management of tropical soil fertility Woomer, P.L. and Swift, M.J (eds). John Wiley and sons. pp117- 136.

Sharma, P.K. e Bhushan, L. 2001. Caracterização física de um solo alterado com resíduos orgânicos num sistema de cultivo de arroz-trigo utilizando um índice físico do solo de valor único. *Soil and Tillage Research* 60: 143-152

Shaw, K. 1962. Loss of mineral nitrogen from the soils. *J. of Agri. Sci.* 58:145-646.

Shisanya, C.A., Mucheru, M.W., Mugendi, D.N. e Kungu, J.B. 2009. Efeito das fontes de nutrientes orgânicos e inorgânicos no azoto mineral do solo e no rendimento do milho nas terras altas centrais do Quénia. *Soil and Tillage Research* 103:239-346.

Smith, J.L. e Doran, J.W. 1996. Medição e utilização do pH e da condutividade eléctrica para a análise da qualidade do solo. Em: J.W. Doran e A.J. Jones (ed.) Methods for assessing soil quality. SSSA No.49. SSSA, Madison, EUA. pp 169-186

Sood RD., Kaistha, B.P. e Bhargawa, M. 1991. Distribuição do fósforo orgânico e das suas fracções em relação às propriedades do solo na zona sub-húmida e sub-tropical de H.P. *J. Indian Soc. Soil Sci.* 39(4): 569-572

Spark, D.L. 1987. Dinâmica do potássio nos solos. In: Moore, G. (eds.) soil guide. A hand book for understanding and managing agricultural soils. Departamento de Agricultura da Austrália Ocidental. Boletim No. 4343.

Sposito, G. 1989. The Chemistry of Soils. Oxford Uni. Press, Nova Iorque.

Spark, D.L. 1995. Environmental soil chemistry. Academic press Inc. Nova Iorque.

Stoortvogel, J.J. e Smaling, E.M.A. 1990. Assessment of soil nutrients depletion in SubSaharan Africa. Volume I-IV, Relatório 28, WINARD Staring Center, (SCDLO), Wageningen, Países Baixos.

Tisdale, S.L., Nelson, W.L., Beaton, J.D. e Havlin, J.L. 1995. Soil fertility and fertilizer, 6th ed., Prentice-Hall of India, New Delhi. Prentice- Hall of India, Nova Deli.

Tuma, A., Tesema, T., Mekonen, A. 2007. Classificação e Correlação de Propriedades Físico-Químicas de Vertissolos Eutróficos na Bacia do Lago Abaya Chamo, Sudoeste da Etiópia. *International J. Agron. and Plant Production.* Vol., 4 (S), 3559-3568

Van Noordwijk, M., Cerri, C., Woomer, P.L., Nugroho, K. e Bernoux, M. 1997. Dinâmica do carbono do solo na zona de floresta tropical húmida. *Geoderma. 79:* 187-225.

Van Reeuwijk, L.P. 1992. Procedures for soil analysis, 3rd ed., Wageningen. International soil Reference and Information center (ISRIC), Wageningen, Países Baixos.

Voortman, R.L., Sonneveld, J.S. e Keyzer, M.A. 2003. Ecologia da terra em África: Opportunities and constraints for agricultural development. *Ambio* 32(5):367-373.

Wagner, L.E., Ambe, N.M. e Ding, D. 1994. Estimativa de uma curva de densidade Proctor a partir de propriedades intrínsecas do solo. *Am. Soc. Agri. and Biological Engineers* 37: 1121-1125.

Wakene, N. 2001. Avaliação de propriedades físico-químicas importantes de Dystric Udalf (Nitossolos Distróficos) sob diferentes sistemas de gestão na área de Bako, Etiópia Ocidental. Dissertação de mestrado apresentada à Escola de Estudos Graduados, Universidade de Alemaya, Etiópia.

Walia C.S. e Rao, Y.S. 1996. Génese, caraterísticas e classificação taxonómica de alguns solos vermelhos na região de Bundelkhand do Uttar Pradesh. J. Indian Soc. Soil Sci. 44: 476-481.

White, R.E. 1997. Princípios e práticas da ciência dos solos: O solo é o recurso natural. Cambridge University Press, Reino Unido.

Wilding, L.G. 1985. Variabilidade espacial do solo: A sua documentação, acomodação e implicações para os levantamentos de solos. Pp 166-187. In: Nielsen, D.R. e Bouma, J. (eds.). Soil Spatial variability proceedings of a workshop of the ISSS and the SSA, Las Vegas PUDOC, Wageningen, the Netherlands.

Winergardener, D. 1996. Uma introdução aos solos para profissionais do ambiente. Lewis publishers, CRC press.

Woldeamlak, B. e Stroosnijder, L. 2003. Efeitos da sucessão agro-ecológica do uso da terra nas propriedades do solo na bacia hidrográfica de Chemoga, bacia do Nilo Azul, Etiópia. *Geoderma.* 111:85-98.

Woomer, P.L. e Swift, M.J. 1994. The biological management of tropical soil fertility. John Wiley and Sons, Inc., Nova Iorque, EUA.

Yimer, F., Ledin, S. e Abdelkadir, A. 2007. Changes in soil organic carbon and total nitrogen contents in three adjacent land use types in the Bale Mountains, south-eastern highlands of Ethiopia," *Forest Ecology and Management, 242(2):* 337-342.

PPENDICES

Apêndice A

Apêndice I. Determinação da cor do solo em amostras de solo à superfície (0-20cm)

Blocks	Site/ Land use	Color	
Cultivated area			
		Dry	Wet
A	HAC/Sorghum	Reddish brown 5 YR 4/8	Dark reddish brown 5 YR 3/6
B	HAC/Sorghum	Dull orange 2.5 YR 6/4	Dull reddish brown 2.5 YR 5/4
C	HAC/ Sorghum	Reddish brown 5 YR 4/8	Dull reddish brown 5 YR 4/4
H	Basheri/Sorghum (Pearl millet)	Brown 7.5YR4/6	Dark brown 7.5YR4/6
I	Basheri / Sorghum	Grayish brown 7.5YR6/2	Grayish yellow brown 10YR6/2
J	Basheri / Sorghum	Light gray 7.5YR8/2	Brownish gray 7.5 YR 5/1
Horticultural area			
D	HAC/Alfalfa	Reddish brown 5 YR 4/6	Dark reddish brown 5 YR 3/6
E	HAC/ Citrus	Grayish red 2.5 YR 6/2	Dull reddish brown 2.5 YR 4/3
Open woodland			
F	HAC/Forest	Bright reddish brown 2.5 YR 5/6	Dull reddish brown 2.5 YR 4/4
G	HAC/Forest GA	Dark reddish brown 5YR 3/6	Brownish dark 5 YR 2/2

Apêndice II. Determinação da cor do solo em amostras de solo do perfil

Depth	Block/profile	Dry	Wet
Cultivated area			
0-15	A/P_1	Reddish brown 5 YR 4/8	Dark reddish brown 5 YR 3/6
15-40		Brown 7.4 YR4/4	Brownish black 7.5YR 3/2
40-90		Brown 7.4 YR4/4	Brownish black 7.5YR 3/2
90-180		Dull yellow orange 10 YR 6/4	Brown 10 YR 4/6
0-20	C/P_3	Reddish brown 5 YR 4/8	Dull reddish brown 5 YR 4/4
20-50		Reddish brown 5YR4/6	Dull reddish brown 5 YR 4/4
50-87		Dull reddish brown 5 YR 4/4	Dark reddish brown 5 YR 3/6
87-108		Reddish brown 5 YR 4/8	Dull reddish brown 5 YR 4/4
108-150		Bright reddish brown 5YR 5/8	Reddish brown 5 YR 4/8
0-36	H/P_8	Brown 7.5YR4/6	Dark brown 7.5YR4/6
36-100		Brown 7.5YR4/6	Dark reddish brown 7.5YR3/6
100-150		Bright brown 7.5 YR 5/6	Dull reddish brown 5YR 4/3
150-180		Bright brown 7.5 YR5/8	Brown 7.5 YR 4/6
Horticultural area			
0-46	D/P_4	Reddish brown 5 YR 4/6	Dark reddish brown 5 YR 3/6
46-120		Brown 7.5YR 4/4	Dark brown 7.5 YR3/4
120-170		Bright brown 7.5 YR5/8	Dark brown 7.5 YR3/3
0-25		Grayish red 2.5 YR 6/2	Dull reddish brown 2.5 YR 4/3
25-45		Yellowish 10YR 5/4	Dark brown 10YR 5/3

45-110	E/ P_5	Brown 7.5 YR 4/4	Dark brown 7.5YR 5/3
110-180		Brown 10 YR 4/4	Dark brown 7.4 YR 3/4
Open woodland			
0-40		Bright reddish brown 2.5 YR 5/6	Dull reddish brown 2.5 YR 4/4
40-100	F/ P_6	Bright reddish brown 5YR 5/6	Dark reddish brown 5YR ¾
100-175		Yellowish brown 10 YR 5/8	Brown 10 YR 4/6
0-20		Dark reddish brown 5YR 3/6	Brownish dark 5 YR 2/2
20-56	G/ P_7	Dark reddish brown 2.5 YR 3/3	Dull reddish brown 2.5 YR 4/3
56-98		Brownish dark 5 YR 2/2	Brownish dark 5 YR 2/2
98-180		Yellowish brown 10 YR 5/8	Brown 10 YR 4/6

Apêndice III propriedades físicas superficiais (0-20 cm) dos solos sob diferentes utilizações do solo.

Site	BD (gcm^{-3})	PD (gcm^{-3})	TP, (%)	Sand, (%)	Silt, (%)	Clay, (%)	Texture
Cereal Cultivated							
HAC/A	1.54	2.66	42.1	65	23.7	11.3	SL
HAC/ B	1.78	2.66	34	58.7	34.2	7.1	SL
HAC/ C	1.55	2.69	42.38	65	25	10	SL
Basheri/ H	1.61	2.65	38	61.7	27.4	1.9	SL
Basheri /I	1.59	2.69	40.89	58	36.7	5.3	SL
Basheri/ J	1.71	2.6	38.07	63.9	34.1	2	SL
Mean	1.63±0.10	2.66±0.03	39.24±3.20	62.05±3.11	30.18±5.49	6.27±3.95	
Horticultural							
HAC/ D	1.54	2.58	40.31	52.5	35.5	12	SL
HAC/ E	1.36	2.48	45.17	45.4	38.8	15.8	L
Mean	1.45±0.13	2.53±0.07	42.74±3.44	48.95±5.02	37.15±2.33	13.9±2.69	
Open woodland							
HAC/ F	1.35	2.39	43.52	51	26.6	22.4	SCL
HAC/ G	1.33	2.4	44.56	52.5	26	21.5	SCL
Mean	1.34±0.01	2.395±0.01	44.04±0.74	51.75±1.06	26.3±0.42	21.95±0.64	

Apêndice IV. Perfil das propriedades físicas do solo em diferentes utilizações do solo.

Profile No./site /block	Depth, cm	Horizon	BD gcm^{-3}	PD gcm^{-3}	TP (%)	Sand (%)	Silt (%)	Clay (%)	Texture
Cultivated									
P_1/ HAC/A	0-15	Ap	1.48	2.45	39.36	65	23.7	11.3	SL
	15-40	L1	1.41	2.44	42.21	47.8	31.9	20.3	L
	40-90	L2	1.48	2.4	38.33	49.4	34.6	16	L
	90-180	L3	1.41	2.28	38.15	46.3	34.8	18.9	L
P_3/ HAC/ C	0-20	Ap	1.53	2.51	39	65	25	10	SL
	20-50	L1	1.53	2.61	41.37	53.5	30.1	16.4	SL
	50-87	L2	1.61	2.47	34.81	43.6	26.5	29.9	CL
	65-108	L3	1.66	2.49	33.33	47.3	28.4	24.3	L
	108-150	L4	1.71	2.58	33.72	35	42.6	22.4	L
P_8/ BASHE RI/ I	0-36	Ap	1.61	2.65	38	61.7	27.4	1.9	SL
	36-100	L1	1.65	2.6	36	39.9	32.1	28	CL
	100-150	L2	1.66	2.4	30	24.2	39	36.8	CL
	150-180	L3	1.6	2.39	33	36.4	37.2	26.4	L
Weighted average			1.58±0.12	2.47±0.10	36.19±1.70	47.24±7.22	34.43±1.34	22.63±4.30	
Horticultural									
P_4/ HAC/ D	0-46	Ap	1.54	2.58	40.31	52.5	35.5	12	SL
	46-120	L1	1.54	2.62	41.22	56.4	29.6	14	L
	120-170	L2	1.6	2.7	40.74	46.7	34.6	18.7	L
P_5/ HAC/ H	0-25	Ap	1.36	2.48	45.17	45.4	38.8	15.8	L
	25-45	L1	1.4	2.55	45.06	32.5	45.7	21.8	L
	45-110	L2	1.65	2.55	35.3	71	21.9	7.1	SL
	110-180	L3	1.65	2.55	35.3	60.1	28.3	11.6	SL
Weighted average			1.57±0.01	2.59±0.06	39.30±2.17	55.71±4.55	31.02±2.32	13.27±2.23	
Open woodland									
P_6/ HAC/ F	0-45	Ap	1.35	2.39	43.52	57	18.6	24.4	SCL
	45-100	L1	1.46	2.35	37.83	56.8	24.1	19.1	SL
	100-175	L2	1.69	2.5	32.4	47.3	34.7	18	L
P_7/ HAC/ G	0-20	Ap	1.33	2.4	44.56	52.2	24.5	23.3	SCL
	20-56	L1	1.33	2.4	44.56	51.8	25.6	22.6	SCL
	56-98	L2	1.4	2.5	44	50.5	28.2	21.1	SCL
	98-180	L3	1.69	2.4	30	50.9	28.4	20.9	L
Weighted average			1.52±0.01	2.44±0.02	38±0.28	52.12±1.40	27.3±0.01	20.77±1.10	

CL= Argila **L**= Marga **SCL**= Argila arenosa **SL**= Marga arenosa **BD**= Densidade a granel **PD**= Densidade das partículas **TP**= Porosidade total

Apêndice V. Propriedades químicas à superfície (0-20 cm) dos solos sob diferentes utilizações do solo.

Site	Block	pH (1:5)	EC (1:5)	OM	TN	P	K^+	Na^+	Ca^{++}	Mg^{++}	CEC
			dS/m	%	%	Ppm	cmol (+)/ kg				
Cereal Cultivated											
HAC	A	7.49/MA	0.05/NS	0.31/EL	0.04/VL	2.04/VL	0.13/VL	0.26/L	27/VH	5/H	31.4/H
HAC	B	7.35/N	0.03/NS	0.41/EL	0.01/VL	2.04/VL	0.12/VL	0.54/M	27/VH	6/H	34.7/H
HAC	C	7.23/N	0.07/NS	0.31/EL	0.05/L	3.06/VL	0.21/L	0.38/M	23/VH	7/H	31.6/H
BASHERI	H	7.57/MA	0.03/NS	0.17/EL	0.02/VL	1.01/VL	0.13/VL	0.12/L	17/H	6/H	24.3/M
BASHERI	I	8.29/MoAL	0.1/NS	0.47/EL	0.03/VL	1.01/VL	0.1/VL	0.12/L	28/VH	6/H	35.2/H
BASHERI	J	7.15/N	0.04/NS	0.44/EL	0.03/VL	1.01/VL	0.07/VL	0.06/VL	23/VH	2/M	26.2/H
	Mean	**7.51±0.41**	**0.05±0.03**	**0.35±0.11**	**0.03±0.01**	**1.69±0.84**	**0.13±0.05**	**0.25±0.18**	**24.17±4.12**	**5.33±1.75**	**30.57±4.44**
Horticultural											
HAC	**D**	8.37/MoAL	0.13/NS	0.96/VL	0.05/L	2.03/VL	0.18/VL	0.68/M	18/H	5/H	24.9/M
HAC	**E**	8.06/MoAL	0.17/NS	1.23/L	0.06/L	2.04/VL	0.25/L	0.54/M	21/VH	5/H	27.8/H
	Mean	**8.22±0.22**	**0.15±0.03**	**1.10±0.19**	**0.06±0.01**	**2.04±0.01**	**0.22±0.05**	**0.61±0.10**	**19.5±2.12**	**5±0**	**26.35±2.05**
Open woodland											
HAC	**F**	7.48/MA	0.09/NS	0.74/VL	0.05/L	1.02/VL	0.21/L	0.28/L	17/H	6/H	24.52/M
HAC	**G**	7.56/MA	0.07/NS	1.29/L	0.08/L	1.01/VL	0.26/L	0.27/L	29/VH	7/H	37.6/H
	Mean	**7.52±0.04**	**0.08±0.01**	**1.02±0.39**	**0.07±0.02**	**1.02±0.01**	**0.24±0.04**	**0.28±0.01**	**23±8.45**	**6.5±0.71**	**31.05±9.26**

***MA**= Ligeiramente alcalino **N**= Neutro **MoAL**= Moderadamente alcalino **NS**= Não alcalino **EL**= Extremamente baixo **VL**= Muito baixo **L**= Baixo **M**= Moderado **VH**= Muito alto **H**= Alto **SA**= Fortemente alcalino

Apêndice VI. Perfil das propriedades químicas do solo em diferentes utilizações do solo.

Profile No. /site/block	Depth	Horizon	pH (1:5)	EC (1:5)	OM	TN	P	K^+	Na^+	Ca^{++}	Mg^{++}	CEC
	cm			dS/m	%	%	ppm	cmol (+)/kg				
Cereal Cultivated												
P_1/ HAC/A	0-15	Ap	7.45/MA	0.05/NS	0.31/EL	0.04/VL	2.05/VL	0.13/VL	0.27/L	27/VH	5/H	32.4/H
	15-40	L1	8.09/MoAL	0.22/NS	0.28/EL	0.01/VL	1.02/VL	0.13/LV	0.68/M	25/VH	6/H	32.7/H
	40-90	L2	8.16/MoAL	0.45/NS	0.38/EL	0.02/VL	1.02/VL	0.1/VL	0.8/H	28/VH	7/H	36.9/H
	90-180	L3	8.73/SA	0.19/NS	0.25/EL	0.01/VL	1.02/VL	0.11/VL	0.92/H	30/VH	8/H	40.0/H
P_3/ HAC/ C	0-20	Ap	7.23/N	0.07/NS	0.31/EL	0.05/L	3.06/VL	0.21/L	0.38/M	23/VH	7/H	31.6/H
	20-50	L1	7.78/MA	0.06/NS	1.39/L	0.06/L	1.02/VL	0.15/VL	0.23/L	16/H	4/H	21.4/M
	50-87	L2	7.56/MA	0.12/NS	0.6/EL	0.01/VL	1.02/VL	0.1/VL	0.2/L	18/H	5/H	24.3/M
	65-108	L3	8.39/MoAL	0.12/NS	0.38/EL	0.01/VL	1.02/VL	0.13/VL	0.51/M	44/VH	11/VH	56.7/H
	108-150	L4	8.33/MoAL	0.16/NS	0.08/EL	0.01/VL	1.02/VL	0.14/VL	1.11/H	78/VH	15/VH	95.3/H
P_8/ BASHERI/ I	0-36	Ap	7.57/MA	0.03/NS	0.17/EL	0.02/VL	1.01/VL	0.14/VL	0.11/VL	17/H	6/H	23.3/M
	36-100	L1	8.03/MoAL	0.28/NS	0.44/EL	0.03/VL	1.02/VL	0.18/VL	1.43/H	30/VH	12/VH	44.6/VH
	100-150	L2	8.13/MoAL	1.01/NS	0.34/EL	0.03/VL	2.53/VL	0.21/L	3.76/VH	50/VH	30/VH	85.1/VH
	150-180	L3	8.28/MoAL	0.86/NS	0.1/EL	0.02/VL	1.01/VL	0.21L	3.87/VH	40/VH	28/VH	72.3/VH
Weighted mean			**8.49±0.57**	**0.30±0.21**	**0.4±0.17**	**0.03±0.05**	**1.33±0.19**	**0.12±0.10**	**1.25±0.88**	**36.08±8.43**	**11.99±5.82**	**50.40±11.11**
Horticultural												
P_4/ HAC/ D	0-46	Ap	8.07/MoAL	0.13/NS	0.96/VL	0.05/L	2.04/VL	0.18/VL	0.68/M	16/H	5/H	22.9/M
	46-120	L1	8.16/MoAL	0.14/NS	0.26/EL	0.02/VL	1.02/VL	0.09/VL	0.85/H	24/VH	5/H	30.9/H
	120-170	L2	8.38/MoAL	0.4/NS	0.31/EL	0.01/VL	1.02/VL	0.12/VL	1.96/H	36/VH	9/VH	47.9/VH
P_5/ HAC/ H	0-25	Ap	8.06/MoAL	0.16/NS	1.23/L	0.06/L	5.02/L	0.25/L	0.54/M	23/VH	6/H	30.8/H
	25-45	L1	7.91/MoAL	0.69/NS	1.42/L	0.09/L	3.06/VL	0.23/L	1.46/H	26/VH	7/H	35.7/H
	45-110	L2	8.18/MoAL	0.45/NS	0.11/EL	0.01/VL	1.02/VL	0.08/VL	0.82/H	22/VH	5/H	28.9/H
	110-180	L3	8.02/MoAL	0.46/NS	0.18/EL	0.03/VL	2.04/VL	0.16/VL	1.05/H	23/VH	5/H	30.2/H
Weighted mean			**8.25±0.06**	**0.34±0.18**	**0.47±0.01**	**0.03±0.01**	**0.03±0.69**	**0.14±0.03**	**1.06±0.11**	**24.53±1.17**	**5.89±0.41**	**32.55±1.63**
Open woodland												
P_6/ HAC/ F	0-45	Ap	7.48/MA	0.09/NS	0.54/EL	0.05/L	1.02/VL	0.19/VL	0.28/L	17/H	5/H	23.5/M
	45-100	L1	8.03/MoAL	0.54/NS	0.34/EL	0.03/VL	2.04/VL	0.09/VL	0.9/H	23/VH	6/H	31.2/H
	100-175	L2	8.09/MoAL	1.06/NS	0.41/EL	0.03/VL	1.01/VL	0.12/VL	2.56/VH	44/VH	11/H	58.7/VH
P_7/ HAC/ G	0-20	Ap	7.5/MA	0.06/NS	1.29/L	0.08/L	1.02/VL	0.26/L	0.27/L	28/VH	7/H	36.6/H
	20-56	L1	7.31/MA	0.05/NS	0.96/VL	0.05/L	1.01/VL	0.17/VL	0.18/L	17/H	6/H	24.4/M
	56-98	L2	7.4/MA	0.29/NS	0.34/EL	0.05/L	2.04/VL	0.17/VL	0.64/M	21/VH	7/H	29.8/H
	98-180	L3	8.01/MoAL	0.09/NS	0.13/EL	0.02/VL	1.01/VL	0.16/VL	0.44/M	24/VH	7/H	32.6/H
Weighted mean			**7.8±0.18**	**0.40±0.38**	**0.48±0.01**	**0.04±0.01**	**1.59±0.49**	**0.16±0.06**	**0.96±0.71**	**26.47±4.13**	**7.35±0.78**	**35.95±7.42**

Apêndice VII Descrição do perfil do solo da zona de estudo

Profile Number	B-A-HAC- P_1	B-B-HAC-P_2	B-C-HAC-P_3	B-D-HAC- P_4	B-E-HAC- P_5	B-F-HAC- P_6	B-G-HAC-P_7	B-H-BWA-P_8	B-I-BWA-P_9	B-J-BWA- P_{10}
Profile Description Status	Hand dug profile pit 1.50m * 1.50m*1.80m	Hand dug profile pit 1.50 * 1.50m*1.50m	Hand dug profile pit 1.50 * 1.50m*1.50m	Hand dug profile pit 1.50* 1.50m*1.70 m	Hand dug profile pit 1.50* 1.50m*1.80m	Hand dug profile pit 1.50* 1.50*1.75m	Hand dug profile pit 1.50* 1.50m*1.80m	Hand dug profile pit 1.50* 1.50m*1.85m	Hand dug profile pit 1.50* 1.50m*1.30m	Hand dug profile pit 1.50* 150m*1.30m
Soil taxonomy	Fluvisols	Rigosols	Cambisols	Fluvisols	Fluvisols	Fluvisols	Fluvisols	Fluvisols	Rigosols	Rigosols
Location	About 12 Km North of Keren town	About 12 Km North of Keren town	About 12 Km North of Keren town	About 12 Km North of Keren town	About 12 Km North of Keren town	About 12 Km North of Keren town	About 12 Km North of Keren town	About 13 Km North of Keren town	About 13 Km North of Keren town	About 13 Km North of Keren town
Elevation	1288 m a.m.s.l	1292 m a.m.s.l	1286 m a.m.s.l	1270 m a.m.s.l	1270 m a.m.s.l	1273 m a.m.s.l	1289 m a.m.s.l	1294 m a.m.s.l	1289 m a.m.s.l	1322 m a.m.s.l
Coordinates	1754549N & 441656.12 E	1754766N & 442092.74 E	1754804N & 442017.89 E	1755117 N & 442483.19 E	1755277N & 442809.87 E	1755003 N & 442307.37 E	1754581N & 442063.64 E	1754957N & 441160.67E	1755021N & 441009.04E	1754740N & 440494.10E
AEZ	Arid lowland	Arid lowland	Arid lowland	Arid lowland	Arid lowland	Arid lowland	Arid lowland	Arid lowland	Arid lowland	Arid lowland
Topography	Moderately flat	Gently flat	Gently flat	Flat	flat	flat	Sloppy	Flat	Rolling	Rolling
Slope Class	Moderately flat	Gently flat	Gently flat	Flat	flat	flat	Sloppy	Flat	Strongly slopping	Moderately steep
Slope gradient,%	<5	5-10	<1	<2	<2	<1	5-15	<1	5-10	>15
Consistency	Firm	loose	friable	friable	Very loose	firm	friable	friable	loose	loose
Soil-landscape relations:	deep and fine textured soil in bottom layer	shallow and fine textured soil in upper layer	Deep and fine textured soil at bottom	deep and fine textured soil through out the profile	deep and alternate fine sand& clay textured soils in bottom of the profile	deep and fine textured soils through out the profile	Coarse texture on the top and fine textured soils in the bottom layer	fine textured soils through out the profile	Shallow and very fine textured sand	Shallow and very fine textured sand
Land Use:	Sorghum	Sorghum/pear millet	Sorghum	Horticultural crops	Horticultural crops	Acacia woodland	Acacia woodland	Sorghum/pear l millet	sorghum	Sorghum/pearl millet
Human influence:	Disturbed vegetation and Fertilizer	Disturbed vegetation and Fertilizer	Disturbed vegetation, Fertilizer	Fertilizer application and artificial	Disturbed vegetation, furrow	Intervention of animals for grazing	Intervention of animals for grazing	cropping, terracing etc	cropping, terracing etc	cropping, terracing etc

	application	application	application, terracing and bunding	drainage.	irrigation, Fertilizer, insecticide/pesticide application.					
Vegetation:	Crop land	Crop land	Crops & wood land	Crop land/fruit tress	Fruit tress	OWL	OWL	Crop land/ sparse tree vegetation	Crop land/ sparse tree vegetation	Crop land/ sparse tree vegetation
Parent material:	Fluvial deposits	Fluvial deposit	Fluvial deposit	Fluvial deposits	Fluvial deposits	Fluvial deposits	Fluvial deposits	Fluvial deposits	Silica rich	Silica rich
Effective soil depth	Very deep > 180 cm	Shallow only up to 25 cm	Deep > 150 cm	Very deep > 170 cm	Very deep >180 cm	Very deep > 175 cm	very deep > 180 cm	deep > 150 cm	Very only shallow up to 20 cm	Very only shallow up to 15cm
Other surface characteristics	Signs of Burrows of small animals.	Signs of Burrows of small animals.	Signs of Burrows of small animals.	None	Incidence of water table at 1.70 m & signs of deposited materials (Bricks)	Incidence of Deposited round river stones below 1.60 m	None	None	None	None
Surface sealing	Noon	Noon	Noon	None	None	None	None	None	None	None
Surface crakes	Fine width & very closely spaced	Fine width & very closely spaced	Fine width & very closely spaced	Moderate width & closely spaced	Moderate width & closely spaced	Fine width & very closely spaced	Fine width & very closely spaced	Fine width & very closely spaced	None	None
Drainage Classes	Moderately drained	Moderately drained	Well drained	Well drained	Well drained	Well drained	Moderately drained	Well drained	Poorly drained	Poorly drained
Internal drainage	Never Saturated for long period every year	Never Saturated for long period every year	Never Saturated for long period every year	Never Saturated for long period every year	Saturated for part of the year	Never Saturated for long period every year	Never Saturated for long period every year	Never Saturated for long period every year	Never Saturated for long period every year	Never Saturated for long period every year
External drainage	high runoff	high runoff	less runoff	less runoff	less runoff	high runoff	very high runoff	Moderately high runoff	High runoff	High runoff
Flooding	Noon	None	Noon	Noon	None	None	None	None	None	None
Moisture condition	Dry	Dry	Dry	Moderately wet	Slightly wet	Dry	Dry	Dry	Dry	Dry

Apêndice VIII. Principais utilizações do solo no Campus da Escola Agrícola de Hamelmalo

No	Major land use	Area (ha)
1.	Bush/forest land	26.353
2.	Open land around built up	12.01
3.	Irrigated land	15.957
4.	Rainfed cultivated land	7.106
5.	Built up area	8.4
6.	LREN watershed project area	4.33
7.	Uncultivated open area	2.144
Total		**76.3**

Apêndice IX. Principais usos do solo na área da bacia hidrográfica de Basheri

No	Major land use	Area (ha)
1	Rainfed sorghum	14.62
2	Rainfed Pearl millet	13.90
3	Uncultivated land	1.2
4	Gullies and streams	3.5
Total		33.22

Apêndice X. Categoria de declive da Escola Agrícola de Hamelmalo

Blocks	Slope, %	Slope description	Area, ha	Area, %
A	0-5	Gently slopping	1.52	3.640
B	0-10	Slopping	7.07	16.93
C	<1	Flat	4.3	10.29
D	<2	Flat	5.88	14.08
E	<1	Flat	9.59	22.97
F	<1	Flat	8.06	19.30
G	0-15	Strongly slopping	5.33	12.79
Total area			41.75	100

Quadro XI do apêndice. Categoria de declive da área da bacia hidrográfica de Basheri

Blocks	Slope, %	Slope description	Area, ha	Area, %
H	<1	Flat	13.82	48.42
I	1-15	Strongly slopping	7.7	27.02
J	>15	Moderately steep	7.0	24.56
Total area			28.5	100

Apêndice XIII Precipitação diária (mm) na Escola Agrícola de Hamelmalo

	January		February		March		April		May		June		July		August		September		October		November		December		Total
	RF, mm	RF days	RF, mm	RF days	RF, mm	RF days	RF, mm	RF days	RF, mm	RF days	RF, mm	RF days	RF, mm	RF days	RF, mm	RF days	RF, mm	RF days	RF, mm	RF days	RF, mm	RF days	RF, mm	RF days	
2000	0	0	0	0	0	0	9	02	12.8	02	27.1	04	54.5	09	34.6	05	74.8	05	0	0	0	0	0	0	212.8
2001	0	0	0	0	0	0	0	0	3.4	01	102.2	09	189.3	13	133.3	09	5.5	01	0	0	0	0	0	0	433.7
2002	0	0	0	0	0	0	0	0	0	0	18.8	02	112.5	14	179	12	1.5	01	0	0	0	0	0	0	311.8
2003	0	0	0	0	0	0	0	0	44.4	03	71.7	05	91.6	05	107.2	14	53.8	05	0	0	0	0	0	0	368.7
2004	0	0	0	0	0	0	0	0	0	0	90.2	08	227.9	13	120.6	12	0	00	0	0	0	0	0	0	450.7
2005	0	0	0	0	0	0	0	0	12.5	01	104.7	08	100.7	06	165.5	13	125.2	08	0	0	0	0	0	0	508.6
2006	0	0	0	0	0	0	9.6	01	51	08	96.1	06	150.2	11	165.2	10	201	11	0	0	0	0	0	0	673.1
2007	0	0	0	0	0	0	0	0	6.3	01	63.5	03	164.7	10	158.6	12	67.7	06	0	0	0	0	0	0	460.8
2008	0	0	0	0	0	0	13	01	1	01	90	06	155	08	123.6	10	0	0	0	0	0	0	0	0	400
2009	0	0	0	0	0	0	0	0	32	02	0	0	280	14	131.9	12	34	01	0	0	0	0	0	0	477.9
2010	0	0	0	0	0	0	0	0	0	0	36	06	187	09	110	04	94	05	0	0	0	0	0	0	427
2011	0	0	0	0	0	0	0	0	0	0	89	07	78.5	06	169.5	08	98.5	05	0	0	0	0	0	0	435.5
2012	0	0	0	0	0	0	0	0	0	0	121	07	78.5	08	133	10	69.5	06	0	0	0	0	0	0	402
2013	0	0	0	0	0	0	12.9	01	12.2	01	76.2	03	94.03	07	154.3	14	70.2	04	0	0	0	0	0	0	382.9
Average																									**424.67**

(Fonte: Dados de 2000 a 2007, M0A, Zona de Anseba; 2008 a 2013, Observatório Meteorológico do LREN, HAC)

Apêndice B

Lista de figuras

Regressão linear simples e coeficientes de correlação das propriedades físico-químicas de solos superficiais.

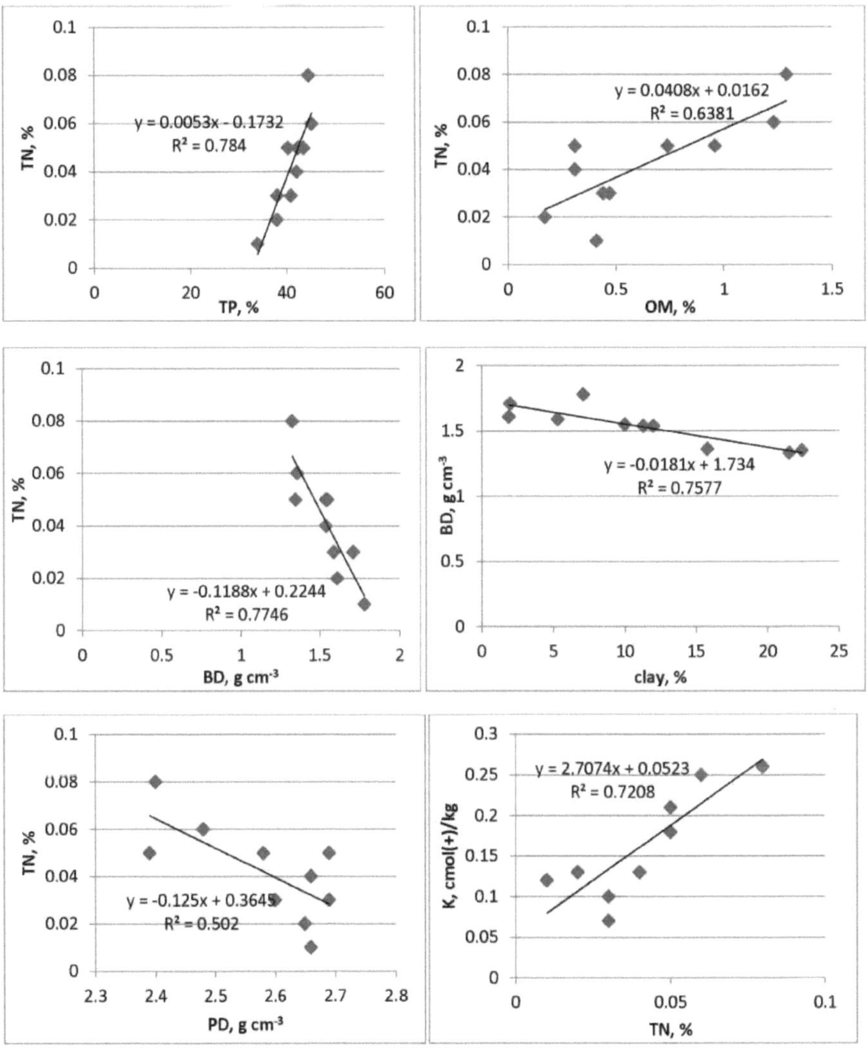

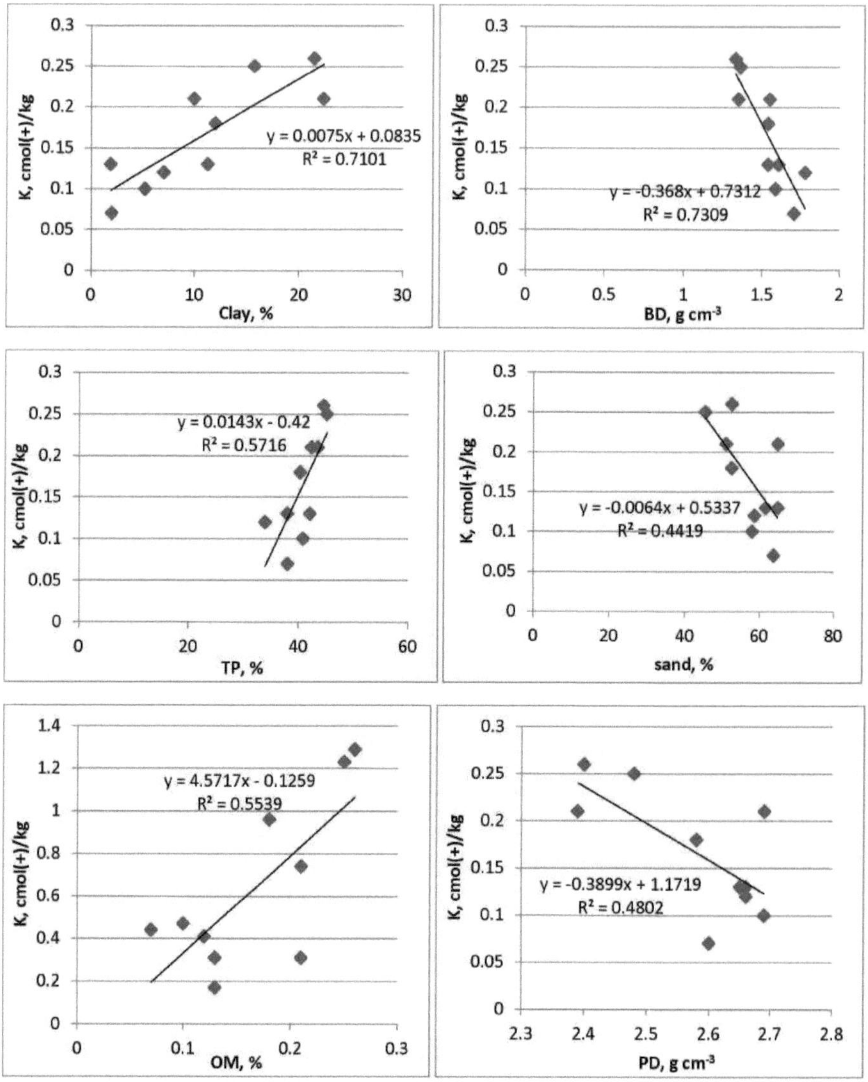
K, cmol(+)/kg
Clay, %
y = 0.0075x + 0.0835
R² = 0.7101
BD, g cm-3
y = -0.368x + 0.7312
R² = 0.7309
TP, %
y = 0.0143x - 0.42
R² = 0.5716
sand, %
y = -0.0064x + 0.5337
R² = 0.4419
OM, %
y = 4.5717x - 0.1259
R² = 0.5539
PD, g cm-3
y = -0.3899x + 1.1719
R² = 0.4802

Regressão linear simples e coeficientes de correlação das propriedades físico-químicas dos perfis de solo.

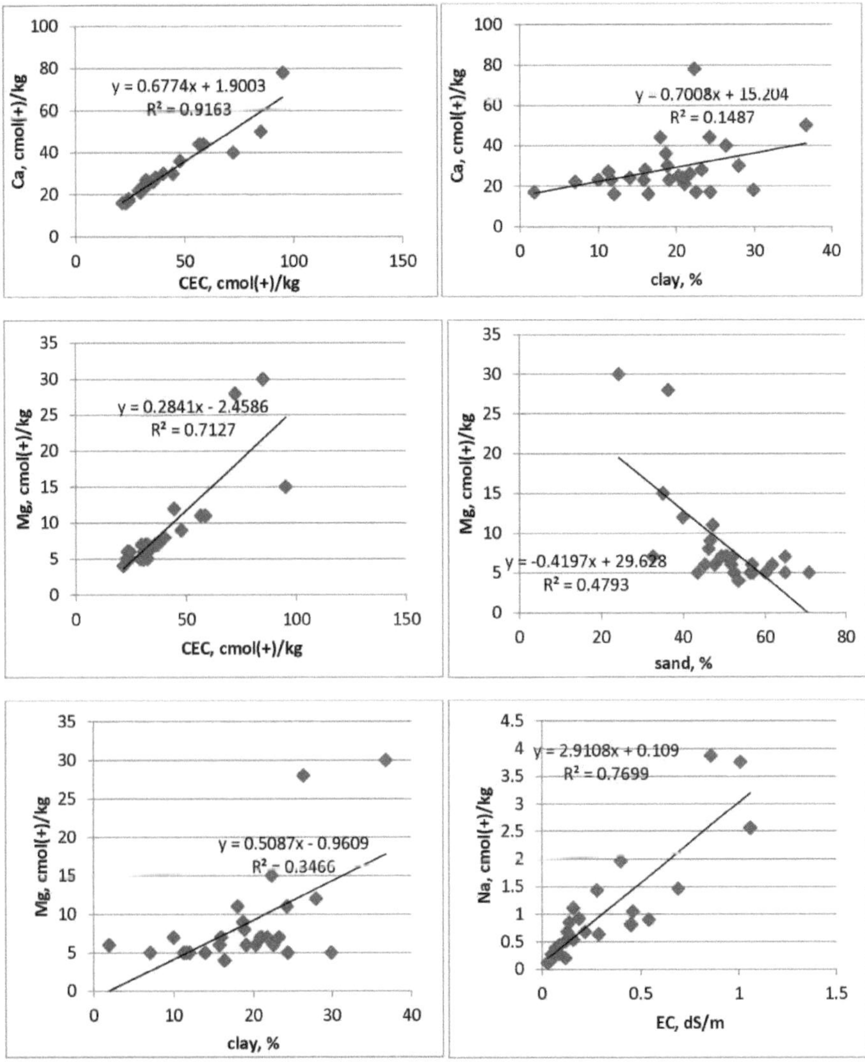

Distribuição, em função da profundidade, das propriedades físico-químicas dos perfis de solo sob utilização de terras cultivadas com cereais

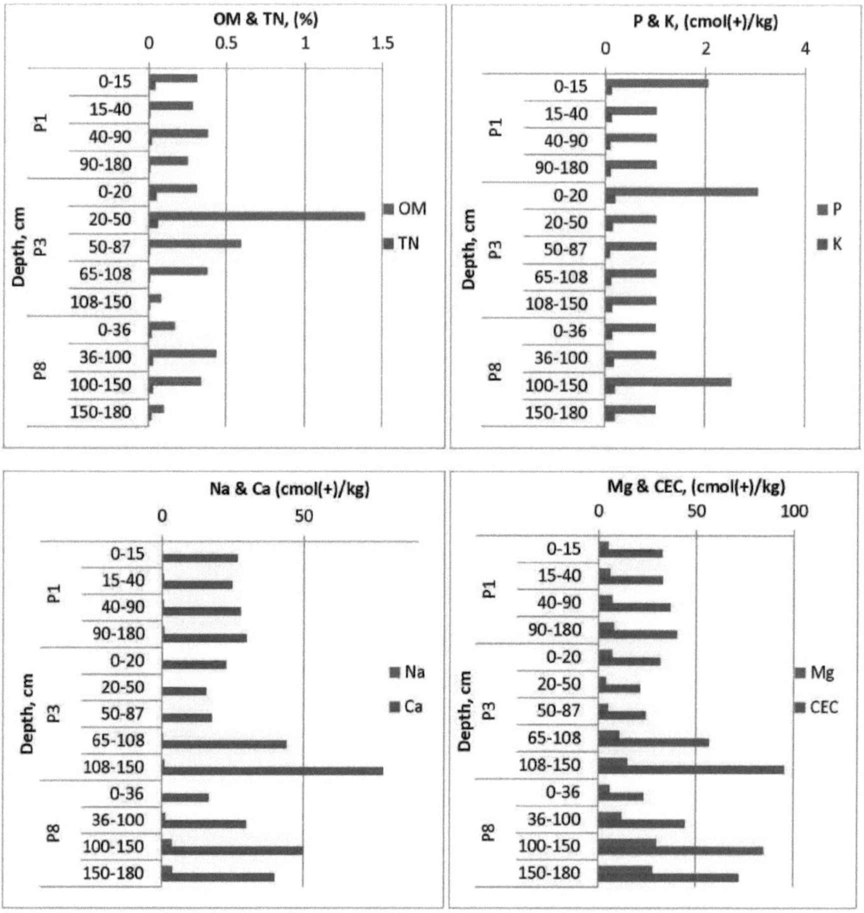

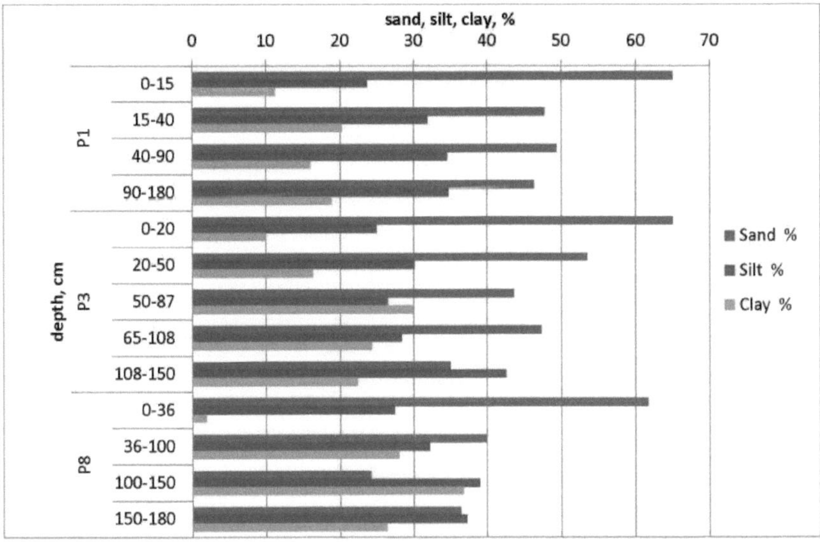

Distribuição, em função da profundidade, das propriedades físico-químicas dos perfis de solo sob utilização hortícola

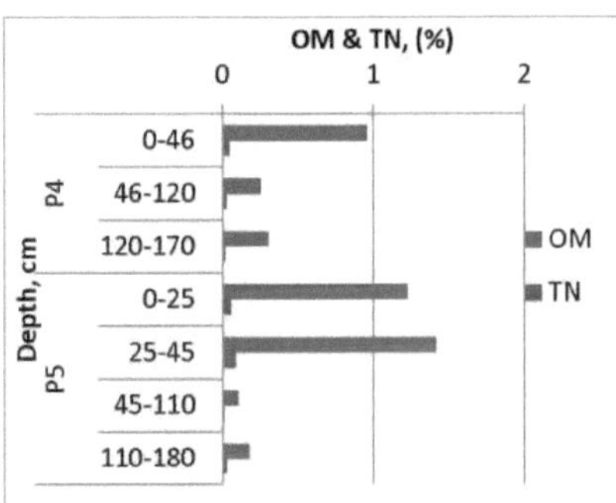

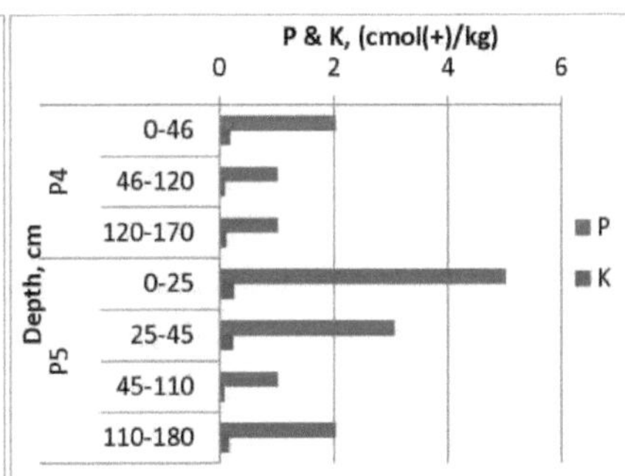

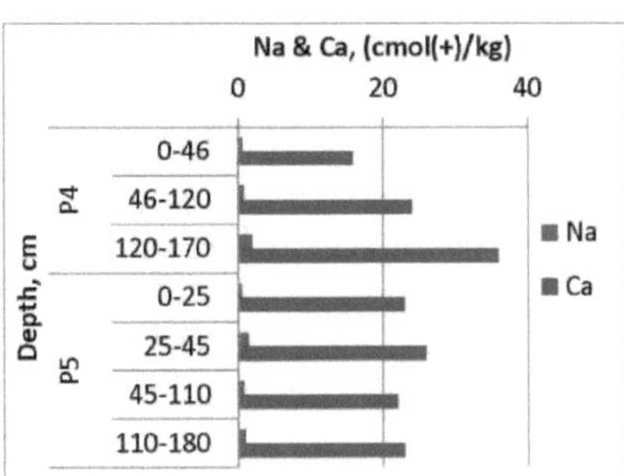

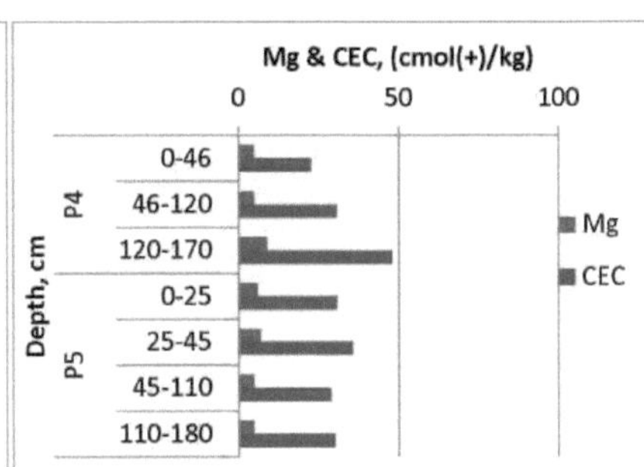

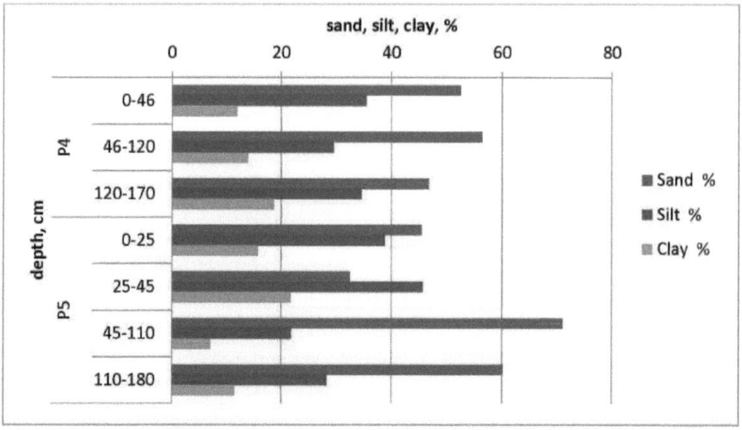

Distribuição em profundidade das propriedades físico-químicas dos perfis de solo sob floresta aberta

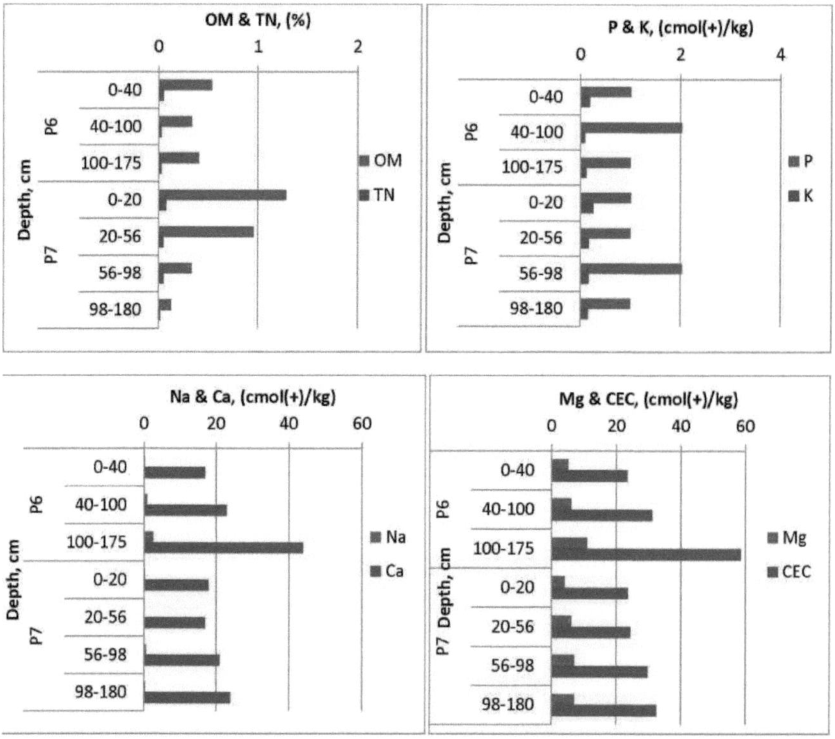

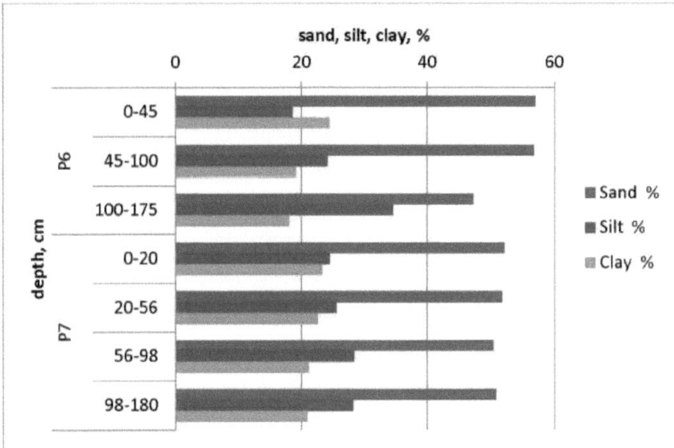
sand, silt, clay, %
0
20
40
60
depth, cm
P6
0-45
45-100
100-175
P7
0-20
20-56
56-98
98-180
Sand %
Silt %
Clay %

DECLARAÇÃO

Declaro que a tese por mim apresentada para o cumprimento parcial do requisito para o grau de MSc. em Ciências Aplicadas do Solo na Escola Superior Agrária de Hamelmalo é o meu trabalho independente e não foi apresentado anteriormente por mim em nenhuma outra Escola ou Universidade.

Nome: Million Weldetensae Tekleab

Assinatura: ____________________

MIX
Papier aus verantwortungsvollen Quellen
Paper from responsible sources
FSC® C105338

Printed by Books on Demand GmbH, Norderstedt / Germany